愿你是别人的公主，也是自己的女王

本儿心 著

花山文艺出版社

图书在版编目（CIP）数据

愿你是别人的公主，也是自己的女王 / 本儿心著. -- 石家庄：花山文艺出版社，2018.8
ISBN 978-7-5511-4018-8

Ⅰ. ①愿… Ⅱ. ①本… Ⅲ. ①人生哲学－通俗读物 Ⅳ. ①B821-49

中国版本图书馆 CIP 数据核字（2018）第 124554 号

| 书　　名：愿你是别人的公主，也是自己的女王 |
| 著　　者：本儿心 |

责任编辑：梁东方
责任校对：林艳辉
出版发行：花山文艺出版社（邮政编码：050061）
　　　　　（河北省石家庄市友谊北大街 330 号）
销售热线：0311-88643221/29/31/32/26
传　　真：0311-88643225
印　　刷：北京雁林吉兆印刷有限公司
经　　销：新华书店
开　　本：620×889　1/16
印　　张：16
字　　数：200 千字
版　　次：2018 年 10 月第 1 版
　　　　　2018 年 10 月第 1 次印刷
书　　号：ISBN 978-7-5511-4018-8
定　　价：49.00 元

（版权所有　翻印必究·印装有误　负责调换）

身为女子,必先自爱,才能爱人;
必先自暖,才能温暖他人,也才能被人温暖。

目录 / CONTENTS

PART 01

长得漂亮是恩赐，
活得漂亮是本事

002　精彩的人生没有保质期

007　你努力的样子看起来真美

012　对自己狠一点儿，生活才能对你好一点儿

016　做个"无龄感"的女人到底有多赚

020　嫁得好的女人都长什么样

025　真正的女王，并不会介意偶尔的低头

030　自嘲是你最特别的气质

034　做自己喜欢的事，让灵魂有所依托

PART 02

比起诗和远方，我更喜欢陪在你身旁

040　我们曾经相爱过，想想就心酸

045　你喜欢了那么多年的人，现在怎么样了

050　突如其来的相遇，最终都只留下背影

055　那些年，被妖孽偷走的男神和青春

059　在爱情里，我们都是彼此的过客

067　那些有很多前任的女孩儿，后来怎么样了

072　爱情的天敌是觊觎，幸福的敌人是比较

078　陪跑十三年的男神踏上了红毯

083　我也曾有一个张志明，可惜我不是余春娇

089　相爱要慢，分手要快

094　最心有灵犀的告白是，原来你也在这里

101　不是不念，只是不见

PART 03

生活不是得偿所愿，
但你值得更好的

108 那个一直说她会孤寂老死的姑娘

113 还记得你的那些"以前的朋友"吗

119 与其等待暖男，不如先学会暖人

122 你的小确幸，终将变成大欢喜

127 对不起，你是我弹断的那根弦

133 把兴趣作为职业，是不是可以更快乐

138 从前不回头，往后不将就

143 我知道会与你渐行渐远，可是能否不别离

PART 04

我的全部野心,
就是无所畏惧地生活

150　在这凉薄的世界,愿你与所爱相配

156　你不是享受悠闲,你只是临阵逃脱

161　生活不是得偿所愿

166　理想从来都年轻,只要你不抛弃它

172　面子最终吞噬了那个女孩儿

177　被穷养长大的女孩儿,后来过得还好吗

181　你有没有勇气关闭朋友圈

187　那些你在死撑着的事情,就别对自己说是坚持了

191　你向别人倾诉的每一声苦,都在显示你有多脆弱

197　你有没有突如其来地想要改变现状

PART 05　人生是一场华丽的逆袭

204　愿你尽你所能，成为潇洒之人

209　给你一片森林，还你一个春天

216　我不是让你成为"强硬"的姑娘

221　愿我们的忍受都是因为爱，而不是因为生活

225　我们终将变成彼此的唯一

232　他不是不暖，只是不暖你

238　生活不是美好的童话，但你可以活成传奇

243　婚姻中有一种"第三者"叫恩人

愿你是别人的公主，也是自己的女王

PART 01

长得漂亮是恩赐，
活得漂亮是本事

精彩的人生没有保质期

01

大学毕业的时候,我二十二岁,找不到工作,很迷茫也很焦虑。去找我的好友静,她在一家人才市场工作。每天穿着工装,盘着头发,化着淡妆,坐在一个小格子间里,整理一沓又一沓和我一样迷茫的学生的档案。

我们聊天儿,她说春节过后她就二十三岁了,说不出的伤心与难过。这时候路过的一个大姐听到了,大声嚷嚷了起来,说你们聊的这都什么跟什么呀,我现在要是能回到三十岁,做梦都要笑醒啊!

我和静面面相觑,那时候我们觉得三十岁很遥远也很恐怖。可是不知不觉间,我今年已经三十二岁了。我和静不知道什么原因,失去了联系,虽然我们曾经那么要好。

很多人失意的时候喜欢说,我多想变成一个孩子,多想回到童年时代等。可是自问,你真的愿意变回去吗?

想想每天要起早贪黑地上课、赶作业,没有钱,什么都不能做主,还要不停地面对考试的压力!我现在有时候做梦都会梦到自己在考场,最后被吓醒。

你还愿意回去吗？

至少我是不愿意，我也不愿意回到三十岁以前，特别是二十岁出头正青春的时候。那时候除了青春，什么都没有。没有房子，没有钱，没有恋人，没有爱，甚至连爱好都没有。每天生活在一种周而复始的焦虑中。

02

后来我找到了一份工作，看起来我很喜欢，我曾多次写文章提起过，我以为那份工作是我的兴趣所在。

我怕别人说我干一行抱怨一行，很努力地去上班。

但是很多事情，真不是你尽全力就能做到最好的。

记得有一年冬天，下了很大的雪，作为一名记者，我去拍车站滞留的乘客。有一个资深男记者，他说他也要去拍。我拒绝，他依旧要去。后来光线不好，他拿走了我的摄影灯，我们拍不好镜头，我打电话给他，他不接。后来我听到铃声循声找去，看到他漠视铃声，也漠然地看着我。

晚上我拍到十二点多，所有乘客都睡觉了我才回家，第二天早上五点多起来开始写稿，写完以后就赶到办公室去拿带子采集，可是带子不见了。问了很多人才知道，是前一天那个男记者拿走了。我找了他很久，最后他说带子已经被他"不小心"覆盖了。

我辛辛苦苦拍的镜头全没有了，可能稿子也会随之作废。但是节目又要得急，我当场又去找摄像，不得不再去拍。

当天拍摄回来以后，我来不及换掉被雪打湿的鞋子，就哆嗦着跑到大办公室，当着所有人的面，大骂了那个所谓的资深记者一顿。

但是骂到最后，我自己却大哭了起来，眼泪一直不停地流。我知道他为什么要这么对我,他觉得我年纪轻轻就轻易拿到了一个可以获奖的题材,那个题材或许对他晋升评职称很有用。但是他不知道,他做的是工作,我做的除了是工作,还有我曾经的梦想。

我曾经为自己所谓的梦想吃过不少苦头,当时却感觉自己在毁灭自己的梦想。

03

我和我朋友聊天儿,回想起二十多岁的时候,我们都觉得不愿意回忆。

那时候穷,没有品位、没有憧憬。我们经常在一起吃烧烤、喝可乐,肆意挥霍着青春,但是完全不知道明天会怎么样。有一段日子,我们都曾想过,是不是要随便去相亲把自己嫁掉,为了结束看起来那么无聊的生活。

也许是我们年轻的时候没有理想。很多人总是说年轻人好高骛远,年轻人不肯实干,可是谁年轻的时候没有吃尽苦头、出尽洋相?

那是一个什么都没有,却被人认为占尽了便宜的年纪。分奖金,你年轻,可以少分一些,哪怕是你应得的。没有人不知道你马上就要交房租、付水电费。论干活儿,你年轻,应该多做一些,因为年轻人就不能怕吃苦、怕受累。

那么多人在年纪渐长的时候,开始沾染上爱指导年轻人的毛病。总是说,年轻人,你应该这样,你应该那样。实际上,他们年轻的时候,一样潦倒、一样荒唐。

04

我在二十多岁的时候一直着急又迷茫,像一只无头苍蝇一样横冲直撞。害怕不能趁年轻成名,害怕一事无成,害怕自己年过三十还凑不齐十万元的存款……

但是过了三十岁,发现害怕的事情全都不幸地发生了,但是,那又怎么样呢?反正也做不到了,那就做不到吧。

就像匆匆赶路的人,急着去搭乘一辆要出发的车,得知车已经开走赶不上了之后,不如继续行进,也许走路最终也会到达终点吧,或许还能收获一路的风景。

很多人说,年轻的时候如果能够多吃些苦,不荒废青春,现在的日子应该会更舒服。

为什么你现在都不愿意做的事情要逼迫那个稚嫩无助的自己去做?没有什么年纪是晚了的时候,所有想做的事情都可以现在去做,别追,别悔。

每个人都不一样,我们人生的主角就是自己。不可能一辈子都活在别人的眼光里,他们觉得我三十岁了依旧穷困,那又怎么样!就像作家十二说的,在该骚浪贱的年纪为什么要端庄地活着?

我们的人生没有保质期,即使步入三十岁,我也不会就此贬值。就像那些烈酒般的女人,哪怕藏在很深的坛子中,也阻挡不住她们的神秘、炽热和芬芳。我不会活在别人的期望中,也不是谁的印象复制品。

过了三十岁,我们更清楚自己想要什么,该怎么做。

有了一些闲钱,更应该有一颗闲心。不杀死自己和别人的梦想,依旧做自己想做的事情。

毕竟,人只有一辈子。

你努力的样子看起来真美

01

我有个朋友叫小雅。小雅就是那种万年老好人,朋友圈中的"企鹅豆豆"。我们朋友圈里很多人就是喜欢吃饭、睡觉、打击小雅,特别是一个叫柠檬的骄傲女孩儿。

小雅的眼睛小,五官也不好看,只要是关于眼睛小的段子或者是"长得丑是一种怎样的体验"之类的文章柠檬就要发到朋友圈,然后@小雅。

有一次吃饭的时候,小雅的老公也来了。柠檬一直打趣小雅,还对小雅的老公说,找了小雅做老婆,唯一的好处就是不用担心老婆会出轨。小雅的老公特别尴尬地吃印度飞饼,因为他比较黑,柠檬又说小雅老公吃印度飞饼真是毫无违和感。

柠檬是富家女,确实外出吃饭她埋单的时候也最多。小雅是个在家带孩子的全职妈妈,没有收入自然没有那么阔气。

小雅这种怕得罪人的老好人,长期处于鄙视链的底端,都已经习惯了。平时偶尔回击几句,又被柠檬更猛烈的鄙视和打击给怼回去,后来干脆也不吭声了,随她打趣,觉得反正也只是玩笑话。

后来小雅出去找了一份工作，做新媒体，写软文，偶尔还要做线上销售，我们也经常在小雅的朋友圈里看到一些促销信息。

最近小雅的公司要卖一批橙子，任务压头，小雅每天都在朋友圈里刷屏促销橙子的信息，和我们说话也几句话不离橙子。虽然我们也觉得小雅有些走火入魔，像打了鸡血一样。但是作为朋友，我们都买了她公司销售的橙子，还帮她做推广。

有一次在饭局上，柠檬一次性在小雅那里买了六箱橙子，还介绍了很多朋友来买。但是她自然不会放过这种讥笑小雅的机会，饭桌上，她一直说要屏蔽小雅的微信朋友圈，说小雅像个微商，发的广告很硬，推销方式很 low。

小雅突然爆发了，她猛然站了起来，说："柠檬，你真是够了！一直以来说我丑、土、穷、寒酸等，我从来都没有说过什么，但是这一次，是我好不容易挣来的工作机会。如果是朋友，在我努力奔跑的时候，不指望你给我加油，可是你能不一直这样在我旁边指指点点，说我跑步的姿势难看吗？对不起，以后我们再也不是朋友了！"

02

我身边也有像柠檬这样的损友，但是我槽点没有小雅那么多，损友们也没有柠檬那么好的机会。其中有一个叫大磊的，是我发小，我们从小到大都在调侃彼此。

比如说去超市买东西，我开车，他坐在副驾驶上，我侧方位停车一步到位，保安大爷都惊叹我这个女司机的车技，问我的驾驶证是不是B证。大磊邪恶地对大爷说："您老眼神不好，她明明是A……"

在超市里看到有淑女穿着黑色丝袜、紧身蕾丝裙，举止娉婷地走过去,大磊就会看看我,然后再看看那位美女,做感慨状:"女神与女汉子啊……"

我无所谓,反正又不是他说我几句我就会变成女汉子。而且直男的眼光是很可怕的,就喜欢蕾丝和阿依莲系列的风格。我要是大磊喜欢看的样子我倒会担心自己的品位了。

我平时也没少打击大磊。他长得又黑又瘦,有一次他从东南亚旅游回来向上班的我显摆,我说恭喜他荣归故里。

我们毕竟有着多年的交情了,所以平时说话从来都不避讳。但是有一次我很受伤,我没有暴跳如雷,只是默默地受伤。

最近两年我都在很认真地努力学英语,每天都学,累倒了还要躺在床上学。有一次朋友聚会时,大家都说很佩服我,一直坚持学英语。我做出谦虚的样子说,只是想学好以后出国游玩可以自己用英语问路,买东西不用翻译。大磊突然白眼一翻说:"现在中国人已经遍布全球了,你还是用中文吧,主要是你的英语有很重的口音,外国人根本听不懂的。"

我并没有像往常一样猛烈地回击他。正在努力做的事情被别人嘲笑,第一反应不会恨嘲笑自己的人,而是怀疑自己。本来就是觉得自己不够好才努力,而努力的过程中被人说不好,特别容易对自己失望。

03

去年九月,我重拾年少的爱好,再一次走上写作的道路。那时开始认识了很多可爱的文友,其中有一个叫小言的小姑娘,和我几乎同时期起步,我们曾经都是小菜鸟,在文海中没有方向地乱飞乱撞。

我们经常互相发一些自己的文章给对方看,我经常觉得,小言对待我的文字比我自己还认真,总是中肯地给我意见、反馈,而每次听说我过稿的消息时,她好像比我自己还要高兴。

我真的非常感动,毕竟曾经认为写作会是一条孤独的道路,只能一个人走下去,却没有想到可以遇到一个这样的挚友。

小言她自己也很努力,每天都在坚持写作。我看过小言写的文章,也真心地认为她写得很不错,可是她从来没有发表过。

我很少晒自己又发表了什么文章,即使那些可以给我带来一些虚荣感以及有成就感的小幸福,但是我知道,这种时候,像小言这样努力却暂时还没有收获的人会感到惆怅和失落。

有一阵子,我突然觉得小言已经很久没有给我发她的作品。有一次我问她最近很忙吗,她说并没有啊。

"好像很久没有看到你发文章。"我说出这句话后,她沉默了一阵,然后说:"姐,你继续加油,我看好你哟。"

我知道她一定是发生了什么事情,再三追问后,她才告诉我,她几乎每天都在写文章,每天都投稿,但从来都是泥牛入海,杳无音信。终于在不久前,她第一次收到了一封编辑的回信。她当时激动得要哭了,可是信上却只有一句话。编辑说她投稿的文章,前两句就有问题。

编辑没有恶意、没有诋毁,也没有指责,也许他当时只是觉得小言写的那篇文章前两句话的确有问题。我告诉小言,编辑只是希望她以后写得更好。

但是,小言这个曾经很执着、很努力的姑娘从此放弃了写作。

很多人说小言是玻璃心。但是我知道,小言身边没有一个人肯定过她的努力。所有人都说她是瞎折腾,说她根本不适合写东西,要不怎么从来都不发表。她的亲人、朋友都认为她从事写作是在浪费时间。编辑的那封信，只是压垮她写作梦想的最后一根稻草。

努力的人，经常心酸。每当有一些或许是不足挂齿的小成就，就希望得到身边人的肯定，觉得那是自己挣来的小幸福。

奔波、疲惫都是努力道路上的常态，有时候它们让我们无暇空虚度日，但是有时候它们又让我们感到彼岸遥遥无期。

没有人富有得可以不需要别人的帮助，也没有人穷得不能在某方面给予他人帮助。因为有时候所求的那么卑微，甚至不过是一句话，譬如：你努力的样子看起来很棒！

对自己狠一点儿,生活才能对你好一点儿

很喜欢健身软件 Keep 上面的一句话:自律给你自由。

不能约束自己的人不能称之为自由的人。

两年前,我还是一个心宽体胖的胖子,每天迷茫地过着三点一线的生活,没有理想,没有爱好。下班以后的活动范围仅限于家里的沙发和床周围,看了无数的电视剧和综艺节目,时常逛淘宝和论坛。天天晚睡,无精打采。上班的时候也很不开心,因为自卑和没有安全感,甚至不知道全力以赴是一种什么样的感觉。

一次与朋友吃饭,她问我有什么目标,我说应该是实现财务自由吧。

可是自问,我凭什么实现财务自由?看过那么多的文章和书籍,都说无论是通往财务自由还是时间自由,最关键的是必须拥有强大的自制力。

从那时候起,我想要改变。今天是我跑步两周年纪念日。我从一个什么也不会,只知道茫然的胖子变成了有马甲线、固定学习、写作的自律者。

实现这种转变,我用了两年的时间。虽然我并没有成为一个很成功的人,但是,至少我成为一个有目标、说到做到的人。

在这个过程中,我发现对于我们这种比较自卑的人来说,当对手是自己的时候,比和其他人竞争容易多了。天赋与才华是与生俱来的,但是完善自身还需要后天的努力,就像美国作家罗伊·鲍迈斯特在《意志力》一书中写到的:自律的能力并不是一种技能、美德或人格特质,事实上它的运作更像是肌肉,人们可以通过不断的训练来增加它。

很多人问过我,到底是怎么做到的。我也愿意在此一并分享。

(1)取消不必要的决定,学会区分重点进行规划。最开始的时候,我并没有每天都像现在一样,早上五点半起来写作,碎片时间几乎都用来背单词,跑步的时间想文章的框架等。那时候只能先找一件最燃眉的事情去做,然后努力坚持下去。

不要太夸张地给自己制订非常多的计划,每天高喊"我要成为达人"。就像是筹码一样,得慢慢地增加上去。2015年6月1日,我开始跑步。那时候只有跑步,没有其他的事情,我告诉自己,每天都要做。这个不难,因为只要迈开腿就可以了。

(2)百分之百而非百分之九十九。你决定的事情就必须用百分之百的力量去做,百分之九十九都不行。别给自己找理由,也不要请假。你的身体与头脑都非常熟悉你自己,有一个突破口很快就会发展到全线决堤的程度,最后你就会放弃了。

(3)树立一个榜样。我最开始想跑步是觉得陈意涵是不老女神,她曾说她每天都跑八千米以上,从来不间断。而且她说跑步是一件快乐又简单的事情,只要坚持去做了,里程表就会不断地增加。于是我变成了她的迷妹,决定向她学习。

(4)别等"感觉对了"再去做。我现在每天都写文章,偶尔还会给平台投稿,最近还给报纸写书评、专栏。如果要等到有感觉再写我会等死的,我们必须改变旧模式。记得作家周冲说过,她刚开始经营公众号的时候,经常中断更新,看到别人笔耕不辍很是羡慕。朋友问她既然已经辞职专职做这件事情,为什么不能像别人一样保持每日都更新,周冲说自己没有想写的冲动。朋友说,职业写作要什么冲动,难道工作没有冲动就不工作了吗?

这话虽然简单直白但却在理。我不能等有感觉了才去跑几圈,不能等有心情了才去背单词、学口语,也不能等有冲动了才下笔写作。过去早上醒来我就会觉得无聊又茫然的一天又开始了,每天机械地起床、穿衣,然后出门。现在早上都是闹钟叫醒我,提醒我该起床写文章了,要在上班以前排好版发出来。

(5)保护你的意志力。我也曾有过低潮期,譬如跑步一直都瘦不下来,学英语感觉自己没有长进,写文章发不了稿,还被别人说写得很烂。但是既然选择了出发,就一定要风雨兼程。要有强大的内心,坚持做下去。中途放弃不会让事情有转机,反而坐实了你是弱者。虽然至今我还是怀疑自己,觉得自己是一个坚持的傻子,但是我宁可做坚持的傻子也不要做一个半途而废的傻子。

(6)适时地奖励自己。你能对自己有多狠,就可以对自己有多好。虽然我每天都有一个任务表,很多事情必须做完。但是我活得并不苦闷,做完了自己规定的事情,我都会奖励自己吃喝玩乐。常常出去喝咖啡、聊八卦、看电影、逛街买新衣,或者去吹头发、做美容、做按摩、旅行等。

而且为了有更多的时间去吃喝玩乐,我都会在保证质量的前提下加快速度完成任务。久而久之,就有了效率。我很讨厌浪费时间,因为事情每天都摆在那里,浪费掉的时间都是我享受的时间。

我很喜欢的公众号作者祾姐曾写过这样一句话:人生所有美好、积极的改变,全都需要付出非常多的努力……你看别人做起来样样轻巧、随意的事,其实都有常年的坚持与自律在做支撑。

通往美好的路走起来不容易,一味地舒服与放任,只会令我们毫不费力地变得肥胖、松弛与俗气。而年纪渐长,更应该学会做自己的主人,不因孤独而盲从,让厌恶、喜悦变得此消彼长,最后,让自己成为一个自由的人。

做个"无龄感"的女人到底有多赚

01

办公室有个同事叫周姐,年龄不到四十岁,但是自称"老妈子"。天天接送孩子,买菜做饭。每天都要吐槽,世道艰难,柴米油盐贵,工资几十年不涨,男人要么不回家,要么回家不做事,女儿成绩不够好,老师又找她谈话……

如此听下来感觉周姐只有家庭,而没有自我。偶尔出去逛街,看到心仪的裙子她也很心动,我们劝她买下来。她明明很喜欢,价格也不贵,但到最后总是放弃,说她女儿马上要交辅导班的学费了,自己还有衣服穿。

她总是那几身衣服,平时也不打扮自己,一张脸素面朝天,随便扎个马尾辫就出来。有一次午休的时候我看到她正在休息,她的脸上布满了细纹,眉头因为经常皱起来竟然连睡觉的时候都无法平展,变得像两条毛毛虫。

有一天我到了单位,刚坐下来,就看到周姐哭哭啼啼地走了进来,说和她老公吵架了,吵到了要离婚的地步。

起因是小事。她做饭、拖地忙得不可开交,让她老公找个东西,他看电视理都没有理她,她叫了好一阵没人答应,于是忍不住嘟囔了几百遍的辛辛苦苦为了这个家这些话,女儿埋怨她又说这些,把房门一关进去听歌。她老公依旧没反应,她赌气说:"要不你们过,我走。"

她老公竟然说:"你什么意思,要离婚吗?遂了你这个大妈的心愿啊!"

02

听周姐说了她的故事,办公室的女人们都说,谁家没有一本难念的经呢?除了李姐,李姐整天活得像个神仙一样。

李姐的孩子在省城读住校的高中,到了周末李姐就去陪读。她平常每天一早起来就去公园跑步,然后回家洗澡,再一身清爽地来到单位,在办公桌上插一瓶鲜花。

她很少说家里的事情,不忙的时候,就静静地拿一本书看。听说李姐的丈夫事业有成并且气宇轩昂,但是她既不炫耀也不提及。有时自己看书,有时午休时还抽空去看一部电影。平时的穿衣风格也是既时髦又年轻化,性格还很好。

有时候突然冲动,她还会去参加"小鲜肉"明星的见面会,回来后激动地告诉我们"小鲜肉"有多么帅,还和她握手了。

有一次我看她穿了一件很美的纱裙,感觉很高档的样子,随口问她裙子是什么牌子的,她说:"嘿,夜市上买的,八十元钱。"她大概也看出了我不敢置信的样子,于是又说,"我买东西不看价格,只要自己喜欢就行。不因为昂贵而对喜欢的东西止步,也不因为便宜而将喜欢的东西摒弃。"

看着李姐精致淡定的样子,我好像突然明白了她幸福的缘由。

她就是传说中"无龄感"的女人。因为她有一颗会让自己满足,并且一直生机勃勃的少女心。

03

不管是外形还是心灵都"无龄感"的女星伊能静说过一个小故事。

伊能静十多岁的时候,在日本上学,经常去一家装饰得很梦幻、童话色彩很浓的蕾丝店,店主是一位七十八岁的老婆婆,穿了一身的蕾丝,染了紫色的头发。那些精致的蕾丝,对学生时代的伊能静来说太昂贵、太奢侈了,她虽然喜欢,也只能摸摸而已,最后空手而归。

有一次伊能静又去了那家小店看蕾丝,老婆婆看着她摸来摸去的,问她蕾丝是不是很美,并且说她每周都来,肯定很爱这些美丽的东西吧?但是对像她这样的学生来说,这里的多数饰物都是无法负担得起的。

老婆婆说完就送了她一条蕾丝手巾,并与她成了知己。

老婆婆非常有个性,也很爱美。客人很少时,她会用英式的银壶盛热水,将陶瓷花杯倒满大吉岭茶,用刻有家纹的汤勺搅拌方糖,她说这些银器本来是贵族才能拥有的,但后来贵族没落了只好拍卖。她教会了伊能静很多知识,但对伊能静影响最大的,是老婆婆七十八岁了依然保持一颗少女心。

老婆婆的丈夫离世后,儿子在国外娶妻成家,她从不哭诉儿子不孝,还说儿子照顾好自己就是对她最大的孝顺。老婆婆说这些时脸上一副云淡风轻的表情,她说自己生儿子的时候就没想过要他一辈子都陪着自己,他应该有自己的人生。

老婆婆没有放弃过自己,没有让自己被生活埋葬、随着年纪腐朽,她让孩子有自己的人生,是因为她也在做自己。她曾对伊能静说,一个人只有非常强悍,才能坚强地活下来。而能让自己强悍的,是一颗浪漫的心。

04

谁不会在感情受伤后天天埋怨对方,说男人不可靠;谁不会在看人脸色后就恨世界势利;谁不会在看到另一个女人幸福时,就嫉妒地说都是装的;谁不会在看到别人富有时,就眼红地说那是肮脏的钱;谁不会在看到别的女人更加貌美时,就不屑地八卦她有没有整容……

要当一个满心恶念的人太容易了,骂人太容易了,天天喊打喊杀和修炼自己,哪个更难?我们用汗水和泪水走过一生,难道就是为了学会充满怒气?每个人的过去都容纳了一段苦涩的历史,因为懂得,所以慈悲。那慈悲是自己给自己的慈悲,不怨前生,不恨今世。

当容颜老去,婚姻中爱情的甜蜜逐渐褪去,更应该守护自己的那颗少女心。越成年越要忽视自己的年龄,一辈子都做女孩儿,遵从自己的内心,过自己想过的生活。这就是伊能静作为一个"无龄感"女人的体验。

越是这样,才越会感觉到,自己的一生没有成为任何人的负担,也没有为别人而活,好好地爱自己,身边的人才会更爱自己。

嫁得好的女人都长什么样

01

深夜，老友西西在北京给我打了一个电话。

电话里她哭了，说读了那么多年的书，终于来到了北京，也找了一份看起来光鲜亮丽的工作，一直很努力地工作，却不知道自己到底为了什么。两年前开始看房子，却总是因为变化打破计划。最后她哭着问我："难道真的是干得好不如嫁得好？我让自己这么辛苦是不是真的很不值得？是不是就该找个男人嫁掉自己？"

我说："你愿意吗？而且你知道什么样的人才会一直鼓吹干得好不如嫁得好吗？是那些连拼的勇气和能力都没有，只想把你拉下水混日子的人啊！更何况，随便找个男人嫁掉自己，遇上渣男的概率比遇上好男人的概率要大很多。"

亲爱的，一直让你为之拼搏的，并不是目标，而是梦想。即使找了一个男人能够供你吃喝，实现生活无忧的目标。但是，能养得起梦想的，只有你自己。

我们都要做养得起自己梦想的女人。

"干得好不如嫁得好"，我有个远房的姨妈也爱对我说这句话，她对女儿的教育也不上心，经常觉得女孩子没必要读那么多书，还不如找个好老公。

但是现在表妹长大了，好老公不知道在何方。因为她没有读过多少书，也没有良好的气质，一直在外面打工，生活在底层，到哪里去找好老公呢？

社会是很残酷的，如果你自己不优秀，你遇到的大部分人就是和你差不多的人。就像鱼儿一样，生活在三级水中的鱼，基本上没有机会遇到一级水中的鱼。

田朴珺能找到王石这个金龟婿，前提是她和王石是长江商学院MBA班上的同学，更重要的是她认识王石以前就付得起长江商学院MBA班一年三十万元的学费。

于是，你决定去长江商学院门口卖茶叶蛋？嗯，也有可能遇到王石，也不乏与他交谈的机会，比如他对你说："来一个茶叶蛋。"

或许你是一个很容易满足的人，随便抓了一个人就嫁了，只是因为他比你有钱，你就觉得自己嫁了个好老公。

知足是好事，但是如果因此而沾沾自喜并且鼓吹"嫁得好胜过干得好"就不好了。事实上，拼搏的人都很忙，没有人来得及告诉你，那只是因为你自己太穷了而已。有一句谚语说得好——在一个瞎子的王国里，独眼龙就是国王。

02

嫁得好的女人到底是什么样子的？

在我的亲戚中，我一直觉得舅妈是一个嫁得很好的女人。舅妈和舅舅是在美国留学时认识的，后来都留在美国的一所大学里任教。

舅妈始终不太适应异国他乡的生活，于是，舅舅带着她和表弟举家搬了回来。

他们现在住在大学校园里，房子不大，但很安静，家里布置得很清新，四处洋溢着文艺的气息。客厅里还贴着一张舅舅制作的手绘美食地图，那是他们全家的目标。他们喜欢在周末的时候，一起骑着单车去探寻美食，吃完饭，一家人都会去一个气氛很好的咖啡馆或者书店一起看书、写毛笔字。

从来没看到舅妈有过发脾气或者狰狞的样子，她总是那个衣着简单朴素，但是脸上一直洋溢着天真微笑的女人。

杨澜曾说过，干得好是安全与独立，嫁得好是幸福感。在婚后，依然保持着少女般的简单，带着些许天真以及对生活一如既往的热爱，这样的人必然是嫁得好的，因为她的内心时刻充盈着满满的幸福感。

幸福感从何而来？一方面要对自己满意，另一方面要对对方满意。

一般把婚姻当成交易的人，很难有幸福感。理想的婚姻就像高尔基说的那样：婚姻是两个人精神的结合，目的就是要共同克服人世的一切艰难、困苦。

而交易的婚姻，只想让自己少奋斗、不吃苦的婚姻，便是另外那句：夫妻本是同林鸟，大难临头各自飞。

03

我的朋友夏小姐，是一个气质娴静的女子。

夏小姐有一个青梅竹马的男朋友林先生，两家是世交，他们一起长大，读同一所初中、同一所高中和同一个城市的大学。

大学毕业以后，在生存不易的大城市里，两人理所当然地住在了一起。夏小姐从小体弱多病，有一次在办公室晕倒了，后来检测出低血压并且低血糖，林先生匆匆赶来，在医院急诊室里抱着她心疼地哭的样子很让人动容。

他们当时一定是真爱，也从来没有想过他们会分开。

夏小姐晕倒后，医生建议休养一段时间。她和林先生合计以后，决定辞职休息一段时间。

她在家里调养，也照顾两个人的生活，每天在家煲汤、做饭，把家里收拾得井井有条。但是，夏小姐想找一些事情做。她从小喜欢画画、做手工和甜品，于是她有空的时候就会花些精力在这些事情上。

那一阵子林先生正遭遇工作方面的瓶颈，一个本属于他的升职机会被人通过非正常的手段抢走，两人准备买房付首付的时候，房价暴涨，突然感觉所有的一切都打乱了计划。他有一次回到家，看到夏小姐正在做烘焙，突然怒从心起，觉得日子都快过不下去了，为什么夏小姐还在折腾这些。

两人激烈地争吵，最后分手了。分手以后，夏小姐也颓废过一段时间，她去找过工作，结果也不尽人意。有朋友吃过她做的蛋糕，说她做的蛋糕好看又好吃，为什么不卖出去呢？

她刚开始就在租住的小房子里做，靠微信朋友圈里的朋友捧场。她做出来的东西，样子美丽又好吃，大家都抢购一空。她也很有想法和规划，于是越做越大，最后开了实体店，还慢慢地有了分店。

她开第一家实体店的股东，就是她现在的丈夫。大家都羡慕她事业有成的同时还找了个金龟婿，但是他们结婚时，老公在婚礼上说，刚开始投资时，他看上的并不是作为妻子的夏小姐，而是一个有着很好的手艺和清晰的思路的商人夏小姐。

因为值得投资,他才给她的店注资。他喜欢夏小姐,因为夏小姐从来都不是躲在他背后的那个女人,而是一直和他携手共进的那个女人。

夏小姐就是一个从不自暴自弃,一直活得漂亮的女人,也是一个干得好的女人的样子。

干得好的女人,对自己有信心并且勤奋努力,在任何时候都不会放弃自己,坚持有能让自己锦上添花的爱好。

"嫁鸡随鸡,嫁狗随狗",你愿意?真心的吗?

大部分女人都不会愿意。与其变成鸡、变成狗,不如好好地做自己,再遇到能让我们锦上添花的那个人。他可以给我物质上的支持,但更希望他能在精神上给予我力量,让本来就会发光的我可以光芒万丈。

这也取决于自己是否本来就会发光,心中有没有那团叫作希望的火苗。必须要有,这样才能遇到让自己燃烧的那个人。

这才是现在大家都向往的势均力敌的爱情。

真正的女王,并不会介意偶尔的低头

01

某天在卖场买东西的时候,我前面的女人一直在说要投诉。闹了很久,声音很大。因为收银员没有扫出她一件货物的条形码,要再次确认一下,她认为耽误了她的时间,说她的孩子要睡觉了,她急着赶回家。

对收银员吼完,她又训斥她身后的阿姨说:"你就知道站着,你喂孩子喝点儿水,带他走一走啊!"

所有排队的人都看着她,她并不以为意,继续以大家都亏欠了她什么似的那种语气数落卖场的收银员和促销员。我看了她一眼,她恰好和我对视。她眼神中尽是沧桑感,面容在竭尽全力地装扮得年轻,尽管她染了黄头发、贴着假睫毛、涂了一张大红唇,但依旧遮掩不住她的苍老脆弱。空洞憔悴的眼神、密集的颈纹等无不出卖了她。

我竟然对她心生怜悯,觉得她平时一定过得很不好,是一个哀怨的女人。

因为我见过这样的女人,她们表面上看起来强势得不可一世,实则内心脆弱、生活苍凉，比如说我的同事小璇。

小璇一年四季都穿裙子，化浓妆，打扮得很淑女，但是喉咙嘶哑。平时同事们有时候在一起说说家里的琐事，也会说我们上班一族的女人真是辛苦，白天上班，晚上还要做家务之类的话。

小璇就会露出很惊讶的表情说："啊？你们回家还要做那么多事情啊，我回家都不做的，我就是练练瑜伽、喝喝茶。"

"那家务怎么办？"刚开始说的时候，有人问她。

"老公做啊，老公用来干吗的！"她不屑地说。她有时候在办公室里给她老公打电话，语气听起来很凶，感觉在他们家，她老公应该就是一个"妻管严"吧。

但是小璇的眼神，却是那种很空洞、很憔悴的眼神。总觉得一个被丈夫宠得不可一世的女人，不会有那种眼神。有一次我看到她没有化浓妆，一脸倦容，满脸的斑点遮都遮不住。那天她行色匆匆地走出单位，听和她在同一间办公室的同事佳佳说，小璇之所以急着赶回去，是因为和她老公爆发了很大的矛盾，她老公要和她离婚。

佳佳说他们平时关系也不好，其实小璇的老公有点儿直男癌，不喜欢她穿裤子，所以她一年四季都穿裙子。两个人交流的方式就是吼，一个人吼，另一个人再吼回来，有时候吼得更大声的那个人才算赢，有时候吼的结果就是吵架。其实小璇很累，但是她又不愿意让大家知道，所以才会拼命地掩饰。

想起亦舒的那句话——真正的淑女，从来不会炫耀，因为她没有自卑。

人越是在某个方面表现得很强势，越是证明她的内心在那个方面更脆弱。

02

我刚参加工作的时候,遇上的是一个女领导。与我想象中的女魔头不同,她是一个很和蔼的人,短发,圆脸,胖胖的,记性极佳,总是能在最短的时间内记住新人的名字,看到我们都会很大声地叫我们。

据说她之前是局长,后来因为年龄的原因当了书记,但是依旧掌管单位的人事调动,大家都很尊敬她。

有一次单位组织外出学习,晚上飞机晚点,回来的时候已经凌晨三点了。我家离机场比较远,虽然我说我可以打个车自己回去,但是她不肯,执意要把我带回她家去睡,让我睡她女儿的房间。

到她家的时候已经将近凌晨四点,她一到家就换上了睡衣,但感觉精神还是像往常一样好,而且手脚很麻利,给她女儿的床上换了新的四件套,并给我倒了一杯牛奶,还帮我拉好窗帘,叮嘱我早点儿睡才离开房间。

那一瞬间我感觉像回到了自己家里,很有家和妈妈的感觉。

第二天早上我还没起来,就闻到浓浓的早饭的香气,拘谨地推开门,看到她在打芝麻豆浆、做煎蛋。她丈夫是一个普通的阿伯,戴着眼镜在餐桌前看报纸。她给我做了介绍,吃饭的时候突然问我以后打算做行政还是做技术。

我说还没有想好。她突然笑了起来,说:"你可以参考一下我们家。我是做行政的,我老公是做技术的。"

我在单位听人说过,书记的爱人好像就是一名普通员工,并没有身居高位。但是她接下来的话却让我印象深刻,她说:"做行政的是丝瓜,做技术的是南瓜。丝瓜越老越空,南瓜越老越甜,是不是,老公?"她老公有些腼腆地笑了起来,她继续说,"我老公现在很吃香啊,单位想返聘他,外边还有很多地方想请他去,而我呢,过两年就只能回来彻底当家庭主妇,催女儿结婚、生孩子,再去给她当保姆……"

她也笑了起来,我看着她,觉得她真的活得很开心,她很爱她丈夫,她丈夫对她也很好,家庭很美满、幸福。

那一瞬间我似乎突然懂了,为什么她会有幸福的家庭和成功的事业。渴望鹤立鸡群是一种初生的本能,而成熟的麦穗却是低着头。

真正的女王,并不会介意偶尔的低头。

03

我们中的很多人,总是不断地误解强势的女人。

一想到女强人,就认为是以自我为中心、争强好胜的女人,很多人甚至认为"女强人"是一个贬义词,很多男性就下意识地想对她们敬而远之。

而事实上,强势的女人是学识高、有能力、有判断力、懂分寸的女人。这样的女人怎么会不幸福?她们本来就是社会的精英,自己已经具备获取幸福的能力了。

而且强势的女人与好女人并不冲突,一样可以体贴、善解人意、美丽大方。

我有个工作上认识的女强人,叫姚明。是一家知名电视品牌的大区经理,她经常自我介绍说"我不打篮球,我只卖电视"。

在很长一段时间里,她都是这家电视品牌的"救火队员",因为她能力很出众,基本上是哪个区域弱,她就去哪里,去年,她便无可争议地升任了大区经理。

她平时工作很努力,经常到了深夜还在开会。她们这一行竞争压力大,甚至有些残酷。我有一次和她聊天儿的时候问她:"我每次看你发朋友圈都是凌晨的状态,还说过小区保安都知道凌晨会有一位美女驾车进小区,都不用出示卡就会敬礼迎接你,你怎么平衡家庭啊?"

姚明笑着说:"平衡不了,但是我会弥补。我有时间就在弥补,因为满怀歉意。"

我突然之间觉得很感动,之前也听她公司的人说过,他们姚总是公司一把手也是家庭一把手,还戏谑地说姚老板在公司、在家里都是创收支柱啊。却没有想过她也有那一低头的温柔。

真正强势的女人是可以掌控自己的女人,能掌控自己也能照顾别人,让自己有安全感,也会让别人有安全感。

那些死鸭子嘴硬,外表凌厉、内心却脆弱得不堪一击的女人,并不是真正强势的女人。

真正强势的女人,通常内心坚定、外表温柔,大部分都是幸福的人。

毕竟,在这个世界上,能谋生谋得极好的人,谋爱的能力也很强。

自嘲是你最特别的气质

01

最近看了好几篇谈及明星情商的文章都提到黄渤。无一例外，它们都把黄渤作为高情商的典范，这么说吧，黄渤即使不是明星，以他的情商，在其他行业也能成功。

我对黄渤由路人转为粉丝，就是因为他在某次接受采访时说过的一个小故事。

黄渤有一次要去上海参加活动，一个老大爷从远处跑过来对黄渤说："嘿，去哪儿呀？"

黄渤感觉大爷倍儿亲切，怀疑是自己忘记了的某个熟人，一脸茫然地和大爷说自己去上海。

大爷说他也去上海，又问黄渤是不是很忙。黄渤回答确实很忙，并且一直在脑子里琢磨这个人是谁。大爷一直熟络地和他聊天儿，然后说："我最喜欢看你演的那部电影，看了好多遍，就是和刘德华演的那部。"黄渤心想，我没和刘德华一起拍过戏呀，那人又说，"就是那部，有刘德华，还有李冰冰……《天下无贼》。"

黄渤长长地"哦"了一声，满脸黑线，感到十分尴尬："当时已经聊了十多分钟了,我和我的粉丝,聊得特别开心……"聊完临告别之前那个人要求合影,还说要签名,问题来了——认错人了该怎么签呢?这时黄渤说,"不让别人尴尬,也别让自己尴尬,于是我就工整地签上——王宝强。"

虽然想起以后那位大爷向别人展示他的合影和签名,会比黄渤被认错还尴尬,但是谁叫他眼神不好呢?

林志玲就曾经说,如果黄渤没有结婚,那么她一定很想嫁给黄渤,她说:"我觉得比起他的话术,更棒的是他的那份踏实和良好的修养,他懂得要用自己的幽默让别人舒服。"

黄渤很少挖苦其他人来作为幽默的表现形式,他的幽默不仅让谈话双方都感到愉悦,更主要的是自嘲,这是一种修养,也是黄渤很吸引人的一种气质。

02

我有一个同事叫小雅。说实话,小雅长得不太好看,眼睛很小,而且比较矮、比较胖。但是她做事情特别努力,每天来得很早,回去得也很晚。每次得到单位奖金最多的,总是小雅所在的组,而且她一个人的成就格外璀璨,甚至有令其他组员黯然失色的感觉。

曾经以为小雅会因为太出色而遭遇排挤,但有一次我出去吃饭的时候,在公司旁边一个小饭店无意中偶遇小雅那个组的组员在聚餐,包括小雅。他们其乐融融的气氛感染了我,那种融洽与和睦的细节,让我相信,再好的演技,也装不出来这种和睦。

后来偶尔听同事说起,大家都很喜欢小雅,而且不嫉妒她,一是因为她的确有出色的工作能力;二是因为她为人很随和,特别开得起玩笑。

公司年会的时候，小雅作为优秀员工上台领奖。领完奖后，主持人逗她："小雅，知道这个奖为什么颁给你吗？"

小雅一本正经地说："我想过，是不是因为我胸比较大，但我又觉得我们公司没有这么重口味啊……"我们在台下一阵大笑。

小雅一直单身，也有人经常打趣她，譬如情人节的时候问她："你还是一个人吗？"

她翻了个白眼："废话，我还能变成狗吗？"

还有一次小雅发了一条朋友圈，说：一个人独居，邻居常常侧面打探我老公在哪儿，有一次窃窃私语讨论我是一名小三，被金屋藏娇。我好想问他们，见过长得这么丑的小三吗？

因为小雅能自嘲又有趣，除了公司的男女老少都喜欢她，她在客户面前也特别吃香，工资、奖金一路攀升。加上小雅一直爱学习，不吝啬各种投资自己，不知不觉间，在她的各种自嘲段子中，却分明看到她已经成长为一个优雅、有气质的成功女人。

03

喜欢自嘲的人，都是极聪明的人。因为自嘲既是幽默的体现又是智慧的展示，还可以反映出一个人快速的临场应变力。

现在的综艺大咖歌手薛之谦，曾经是一名偶像歌手。自2006年发布第一张专辑后，一直没能红起来，随后却在微博上做起了段子手，而且主要是自嘲。

他在自己的段子里调侃自己是一个"二线段子手、四线歌手、十八线演员""我的理想是世界和平"。由于阅读量惊人，薛之谦干脆在微博里利用讲段子的天赋打起了广告。随后，更是以段子手的身份加盟各大综艺节目，通告接到手软。

对此，薛之谦曾经说过，刚出唱片的时候，他以为自己是偶像派，风来了，都要挡着刘海儿，不能出丑，因为有包袱。但是现在，风来了就来了呗，抬起头，迎着风就走过去了，谁在乎那么多啊？

专心做音乐的时候，再怎么努力，始终是半红不黑的状态。始料不及地以段子手的身份红了以后，薛之谦的音乐似乎是附属品顺带着红了起来，开始有街角的小面店放他的歌曲。大家终于认可有一位很会讲段子的歌手，他叫薛之谦。

04

为什么人们都喜欢自嘲的人？

自嘲的人很放松。现代社会很多人都是戴着面具生活，为了活成别人眼中的样子，会觉得生活很累。而实际上，没有人是完美的，诚实地接受自己，主动说出自己的不完美，并开自己的玩笑，会让和自己打交道的人感到极大的放松。

自嘲的人拥有自信。拥有能开自己玩笑的幽默，表示对自己有信心，生活也会很快乐。

自嘲的人很真诚。开别人的玩笑难以把握尺度，可能戳到别人的痛处，分分钟让场面变得尴尬。开自己的玩笑会让人觉得你既真实又可爱。

自嘲的人很快乐。人人都做过蠢事，分享这些蠢事并在这个过程中改正自己，还能收获快乐，何乐而不为呢？

做自己喜欢的事,让灵魂有所依托

01

我的朋友很少,因为我平时看到陌生人就不出声,在熟人面前又肆无忌惮。别人要不就不敢主动与我打交道,要不就受不了经常和我打交道。

譬如前几天我和我微胖界的好朋友七七、赵小姐一起吃饭,为了多吃几块肉,我恶毒地告诉她们:"现在世界上新的三种人是,男人、女人和一百斤以上的女人。"

她们都看我了一眼,什么也没说,继续吃掉了盘子里的那几块肉。

后来我又和七七一起去她家,两个人一边吃水果一边看电视,大概是艾力说话的时候,我睡着了。

我不知道自己睡了多久,只知道七七以德报怨,在沙发上将我放好,替我盖了被子,关掉了电视,还拉上了家中的遮光窗帘。

我醒来的时候,很惶恐。睁开眼是陌生的环境,四周没有光亮,也没有声音。我不出声地一直寻找,走到小书房才看到七七。

她穿着一件白色的衬衣,站在窗前写小篆。阳光透进来,照在她的脸上和书桌上。她面带微笑,眼神柔和专注;脸上似乎有一种光泽，全身带着柔光。

几个小时以前还把她称为"第三种人"的我，在那一瞬间突然感觉她像一个书香美人，刚从书卷里走出来，既超凡脱俗又能感染世人，还能照亮我这种俗人。

我叫她，她才看到我，依旧对我笑。

很久以前我就经常陪着她，穿梭在这个城市的大街小巷去买纸、笔和小篆的字帖。写小篆的人不多，有时候找一本好的字帖要走很久。有一次我们在大桥上被堵得水泄不通，下车后又遇到一个奸诈的摩的司机，到了目的地后和他大吵了一架。

但是所有的不快都会在七七看到小篆字帖的时候烟消云散，那种发自内心的喜悦让她容光焕发，还会感染周遭的一切。虽然七七从来不和别人说她喜欢写小篆，她是个很怕别人说她炫耀的人。她不喜欢站在舞台中央，但是她有自己的舞台，她的小癖好给了她一片小天地，一直在那里尽情肆意地展现她的美丽。

02

我上班的部门是一个"阴气"很重的部门，几年前来了一个"小鲜肉"M君，当时各路姐姐们都非常高兴，觉得上班的心情终于不再像上坟一样沉重，起码还有个帅哥可以看。

但是现在姐姐们又都不愿意上班了，有时候还一起讨论，M君完全没有敌过时间这袋猪饲料，上班才几年，他竟然长了四十斤肥肉，完全成了一个中年大叔啊！

周五下班的时候，我看到M君还没有走，坐在电脑前，若有所思。我走过去提醒他要关电源，发现他好像没有听到我说话。我走近后才发现他两眼完全没有聚焦,似乎也没想什么,一副灵魂出窍的样子。

他似乎经常是这种状态,上班就像行尸走肉一样。有时候叫他去复印个文件、接份资料,也要叫他很多声,好多人都有怨言,不知道他是真没听到还是装作没听到。

我走到他面前,拿文件在他眼前晃了几下。他这才迅速回过神来,叫了我一声"姐",然后开始迅速地收拾东西。

"你怎么回事?"我直接问他。

他突然很苦恼地告诉我说,上班以后,他觉得这不是自己想要的生活,每天都感觉在混日子。想辞职,家里人又不同意。于是每天像咸鱼一样,上班、下班、打游戏、睡觉。一不留神游戏玩得晚了,第二天早上起来又没精神,但是又不能怎么样,还是要像一条咸鱼一样挤在班车上来上班。

我看着他,发现他的眼睛确实因为每日对着电脑太久,已经变得晦涩而无神,而且布满了红血丝。更重要的是,眼神毫无光泽,没有神采。

我问他有没有什么爱好,他茫然地告诉我没有。

我们已经过了随便去问别人有没有梦想的年纪,只有极少数的人能坚持梦想,也只有部分人可以实现目标。那么其他的人,都要像M君这样行尸走肉地生活,不断地增长肥肉吗?

如果有一件自己喜欢做的事情,并且坚持去做,哪怕是没什么用的事情,也会让你的灵魂有所依托,让你感觉总有一件事做着让你安心,不觉得自己辜负了大好时光,更不会让自己突然就变得苍老,而是觉得自己还在最好的时光中行走。

03

我有个朋友被我强烈地吐槽过是怨妇,她叫圈儿。她的生活像八点档的狗血剧,父母离婚、哥哥破产、丈夫出轨,然而一大家子的人都看着她、指望她,因为她会赚钱。

她曾经就像一台赚钱机器,不能停下来,停下来了就会向身边的人诉苦。

纵然是我这么阳光向上的美少女战士,也受不了天天被当作垃圾桶收她那些一模一样的负面情绪垃圾啊!

有一天她第101次说她那狗血家事的时候,我打断她说:"圈儿,你不要每天都来找我诉苦了,不要这样活。去做些你喜欢的事情吧,并且发展成你一生的癖好。你喜欢做什么,不要管环境,不要管年龄,不要管结果,去做就好了。"

我说完后就跑了,也不管她是不是玻璃心。

后来很多天都没有看到她,我有些自责,担心自己当时嫌弃她的样子太明显。但是一想到她像一块膏药贴在我身上向我抱怨,让我喘不过气来,我又硬着心肠不去联系她。

如果她是鹰,就要经历断崖式的成长。把她丢下悬崖,她有翅膀,可以飞,我也不能总是去问她"你掉到哪儿了,能不能挥动翅膀飞起来"。

有一次无意中听朋友说起圈儿,她说:"你们不知道,圈儿现在好像变了一个人。她现在每天带着手机在公园辨认植物,成了植物小能手,还开了一个专门写花草的公众号,虽然她不缺钱也不是以赚钱为目的,但她的花草公众号每个月得到的打赏都有几千元。"

现在的圈儿每天早起都要穿着运动服、戴着鸭舌帽去公园,空气新鲜,心情愉悦,并且面对的是她喜欢的花花草草,心情好哉。蜡黄的皮肤也变得粉嫩、滋润很多,精神面貌改观以后,整个人像变回了少女。

那天我接到了她打给我的电话,她说:"我找到了你那时和我说的值得我一生拥有的癖好,我在你们面前终于不那么自卑了。你们有你们的爱好,我也不是一个一直抱怨还耽误你们时间的人。"

明代袁宏道曾说:"余观世上语言无味面目可憎之人,皆无癖之人耳。"

没有癖好,就会觉得说话都没有味道,久而久之,面目就会变得可憎。一个人的容貌,除了先天因素,更要靠后天的"精、气、神"作为养分去维持。行走在人生的路上久了,难免风尘仆仆,有的人走着走着丢了梦想,有的人走着走着丢了目标,他们灰心、失望、面容愁苦,似乎自己永远都没有诗与远方,只有眼前的苟且。

实际上,远方风景虽好,也不要辜负身边。你在你的城市做着喜欢的事情,上班的路上听你喜欢的歌,在安静的夜晚看喜欢的书,认识一些人然后告别,和善良的人交换故事,闲下来的时候,发展你的小爱好,让你的灵魂有所依托。

这样的你,才会美,而且一直美。岁月不会再伤害你,只会给你增添味道。

愿你是别人的公主，也是自己的女王

PART 02

比起诗和远方，
我更喜欢陪在你身旁

我们曾经相爱过，想想就心酸

01

陈妹和林君是发小，这源于两个人的妈妈是铁瓷，陈妹比林君大一个月。

小时候他在 B 市，她在 C 市，两家不停地走动，大概每两个星期就要聚一聚。或许大人们是为了凑一桌麻将，她倒是不知道也不关心，但是每次妈妈说："陈妹，明天我们去林君家。"她就会没来由地很开心。

大人们一起打麻将的时候，她和林君经常在房间里联合打电动游戏，她不太会玩，经常"自杀"，只拿着遥控器看着他玩，他小小的手总是在遥控器上异常灵活地摁来摁去，屏幕上的小人儿在他的操纵下飞了起来。

有时候他们会去楼下玩蹦蹦床，有一次她实在跳不动了，那时候年纪还小，林君也背不动她，生生把她拖拽回家，麻将声中传来林君妈妈的一声惊呼："哎呀，陈妹发烧到了 39.5 摄氏度，林君你怎么不早点儿带她回来？"

那时候两小无猜，小时候睡同一张床，晚上聊天儿聊到睡着，早上又会一边聊天儿一边起床。

十四岁那年元旦,陈妹全家去林君家过节。火车晚点,到了林君家天都黑了,饭菜微凉,林君很兴奋地说:"今天广场有焰火晚会,我和陈妹去看。"

家里人千叮咛万嘱咐要牵手一起走,生怕他们在人潮中走丢。后来两人费了好大的力气挤上一辆公交车,林君突然用手撑在车窗旁给她留出一道空隙。

陈妹一向后知后觉,回家很多天后联想到那一幕,觉得林君真是长大了,好像在黑暗中给了她一束光,在人潮中给了她一处安身立命之所。她回想了好多天,多么希望他当时在她耳边说:"刚才好后悔没有先让你上车,好怕你挤不上来。"

02

后来林君考上了本、硕连读的一流名校,学医;陈妹只是勉强考上了一所二流本科院校,学包装专业。他发愤图强准备去美国看资本主义的人如何研究人体结构时,她每天在学校的小自修室里看着杂志傻笑。

她从未意识到他们在各个方面的差距越来越大。林君的爸爸在林君读高中的时候技术参股了一家公司,待林君上大学时已经是家中住别墅、出门开豪车。她家也买了房,欠了一屁股的债。期间,两家的关系也慢慢淡下来,有一阵子,林君妈妈和她妈妈还闹得很僵。

他们属于家里人不在一起就不联系的朋友,不过陈妹觉得,他们会是把对方都放在心底的朋友,会是一直珍视彼此的朋友。毕竟是一起长大的,毕竟回忆中总是有她和他。

03

  大学毕业后,陈妹随便找了份工作,在一个小包装厂打杂,基本做的是文秘的事。林君已经本、硕连读,两家的关系似乎又缓和了一些。有一次她回家,家中没人,打电话给她妈妈,她妈妈说在林君家吃饭,林君妈妈接过电话说:"陈妹回来了,等一等,叫林君开车去接你。"

  她等了一会儿,林君在楼下把头从车窗里伸出来,喊道:"陈妹,陈妹。"她突然变得很开心,似乎回到了童年时代两步三跳地去林君家一样,跳着下了楼,坐进了林君的车。

  她上车后看着好久不见的林君,他戴了一副眼镜,长大了,脸变长了一些,其他方面倒是没什么变化。

  他笑吟吟地看着她,说:"你妈说你不回家呢。"

  她说:"本来是没想回去,不然领导叫我去喝酒。"

  他大笑起来,说:"不去和他们吃饭了,我带你去吃番茄酱做的糖醋排骨。"

  吃完饭,他们去看了一场电影。看电影的人都像是一对对的情侣,虽然在旁人看来他们也是情侣。她突然想起十四岁的时候和他一起挤公交车的经历,内心紧张而忐忑地偷瞄了他一眼,发现他还是在很认真地看电影。

  看完电影,林君要去喝咖啡,她说:"晚上不喝了,不然睡不着。"

  林君笑了笑说:"睡不着你想什么呢,想不想我?"她有些恼,觉得不应该开这种玩笑,因为她明明知道他也不会想她。

她赌气说自己要回家了,对林君说各回各家,各找各妈。林君同意了,然后就一个人去开车。她更加生气,自己闷声地走路。

没走多久又有车停在路边,林君叫她上车。她上车后一声不吭,等林君送她回家,却看他把车开到了一条非常僻静、没有行人的路上。他在路边停车,突然开始亲吻、爱抚她。她没法有效地抵抗,最后也干脆放弃了抵抗,随他吧,既然都到这个地步了。冬天穿的衣服比较多,手忙脚乱,最后林君趴在她身上的时候,她脑海中想的是:唉,居然顺从他了,明明没有可能在一起的啊!林君比她想象中的要熟练,也很有耐心,不知怎的她头脑中想的是他情商很高。

04

从那以后,林君周末都会来看陈妹。他们类似情侣,虽然谁也没有说过"爱情"这个词。

有一次她问他:"你是什么时候开始想……和我睡的?"

林君笑笑:"十四岁在公交车上那次。不是想和你睡,是想保护你,一直保护你。"

原来他们想的是一样的,她从十四岁起就想被他保护,乐意被他保护。她突然心安了不少,虽然他们周末几乎很少出门,也不会和家长说起他们的事,似乎他们的关系见不得光。

她没有问过为什么,觉得顺其自然吧。

陈妹开始觉得不对劲,是某次她同学病重需要帮助,她想可以让林君帮忙咨询相关的问题。她给他打电话,他挂掉了,发微信他也没有回复。

第二天她继续打电话,他说他在北京,有点儿忙。随后他又说,这段时间一直都很忙，马上还要准备去美国。她以为他要去美国很久，随后他又说，去一个星期。在那一瞬间她突然明白了，林君只是不想帮她去咨询。

其实拒绝也要干脆利落，给个明话就可以了。她不知怎的想起了小时候和林君一起看的电视剧，有大侠被一刀刺死，他们觉得那样死得干脆利落，没有痛苦。

最可怕的死亡是不见天日、没有希望却苟延残喘地死。

林君越来越忙，读书已经读到了博士。不知道从什么时候起，他们已经不再见面。他不来看她，她也不说。他忙碌得满世界地开高大上的学术会议，她依旧焦头烂额地过着平凡的生活。家里人叫她去相亲，最开始她不去，后来逐渐地也会答应见一见。

有时挑剔，有时被挑剔。二十八岁的一天，她像往常一样回到家，看到她妈妈突然穿了一件旗袍，戴了珍珠项链。她随口问一句要去干吗，她妈妈说林君结婚，去参加婚礼。

那一瞬间她怔住了，这才知道林君要结婚了，除了新娘理所当然的不是她，林君甚至都没有邀请她，似乎她完完全全地被过滤出了他的人生。

林君结婚以后几年，他俩又同时在好几个微信群里出现，都是父母有交集、小时候在一起玩的那一帮人。他突然有时候又有一搭没一搭地和她聊天儿，她偶尔给他的朋友圈点赞。至于他俩曾经那几个月类似情侣的关系……她想，除了他俩之外应该没人知道吧。

你喜欢了那么多年的人,现在怎么样了

01

我有个初中同学叫小猫,那时候留着短发,眼神里透着机灵,成绩超乎常人的好。一般考试结束后,我们都会问其他同学考得好不好,但是从来不会这么问小猫,只会问她做完了没有。

除了要写作文的语文和英语,基本上其他所有科目,她只要做完了,就是满分。

但是战无不胜的小猫有一件事情屡战屡败,就是表白。她是一个颜值控,喜欢隔壁班的枫同学。枫同学酷似那时候我们狂追的《灌篮高手》中的流川枫,长得帅、脸上没表情,外加成绩差。

我问过小猫喜欢他什么,她的回答是——长得帅。

"你怎么这么肤浅啊,只看脸。"

她一副痴迷的样子说道:"反正其他方面他都不会比我好,我只看脸。"

但是枫同学从来都不喜欢小猫,而且表现得很抗拒。枫同学是学渣,小猫考试都不做完题就抄了自己的答案风风火火地冲出去递给枫同学,可是枫同学够狠——扔掉,宁可挂科。

02

后来学霸小猫考上了最好的高中,枫同学去了一般的学校,小猫还是一封又一封地给枫同学寄信。有一次小猫在回家的路上被几个戴着鼻环、染了黄头发还刺青的女生围堵,她们说:"听说你是一中的,喜欢我们枫同学?"

小猫说:"是的,我已经喜欢他四年了。"

那几个女生撇撇嘴:"不许再喜欢下去!这么说吧,你成绩很好,大有作为,把枫同学留给我们做个念想吧。"

小猫就是不肯,幸好后来警察过来巡逻,那几个女生才没有把她怎么样。

她告诉我这件事的时候,我说:"你真傻,假装放弃啊,转眼继续给枫同学目送秋波不就得了,好汉不吃眼前亏。"

小猫说:"不行!我怕我答应放弃他的消息传到枫同学耳朵里,他会以为我真的放弃了。"

后来,小猫考上了北大,枫同学读的是南方一所普通的大学,小猫已经留了一头长发,一次又一次地南下去找枫同学。她有时候梳辫子,更多的时候披散着直发,她穿长裙,也穿紧身T恤,各种各样的造型一次次地坐着绿皮火车忍受严寒酷暑南下,去找她的枫同学。电影《万物生长》上映的时候,我看到范冰冰对韩庚说:"我要用尽我的万种风情,让你在将来任何不和我在一起的时候,内心无法安宁。"

那一刻我分明看到范冰冰的眸子里是我同学小猫的身影。

03

可是枫同学就是柳下惠再世,只可惜他只是拒绝小猫。听说他身边也有过很多女孩子,都不长久,不知道他为什么就是不肯了却小猫的夙愿,让她多年的追逐有个好结果——哪怕是给她一个短暂但是深刻的念想。

大学毕业以后,小猫考上了美国的常青藤盟校。我们给她开欢送Party,我说:"去美国吧,那里有好多金发碧眼的男孩儿在等着你。"

她神情落寞,喃喃自语。可我听清了。

她说:"我不要天上的星星,我只要尘世的幸福。"

我们喝啤酒、唱歌、跳舞,大喊"祝小猫前程似锦,我们的记忆里有你"。KTV里,青春的荷尔蒙四处乱飞,但觥筹交错间,我分明看到小猫的脸上斑斑点点全是泪痕。

从此小猫就像一颗星,住在遥远而冰冷的银河系,我们只是远远地看着她。听说她像是一个住在研究室里的女孩儿,每天都是最早到,最晚走,日复一日,没有爱情。

我们渐渐地不再提起小猫,也不再提起枫同学,他们像是逝去了的青春。我们曾经心怀梦想,但是梦想只是人生的方向,也许你永远也走不到那里。我们终于都成了忙忙碌碌的凡夫俗子,在养家糊口和人情世故中疲于奔命。

有一天我去银行存钱,在门口看到一个人很热情地和我打招呼。可是我觉得我不认识他,虽然他戴着眼镜笑得像个佛爷,还叫得出我的名字。可我还是很警惕地捂着我的钱袋,他终于对一直一脸茫然的我说道:"我是枫同学啊,你不记得我了?"

我大吃一惊:"天哪,你现在多少斤了?"

他羞涩地笑了笑,我这才从他膨胀的五官中依稀辨认出他当年的模样:"205斤了,毕业以后长了将近70斤。"

我的思绪刚飘向那个叫"青春"的远方,他一句话又惊得我从记忆的云端跌了下来。

过去那个英姿飒爽、面无表情的瘦子啊,现在长成了一个满脸堆笑,为生计奔波的胖子。

04

当天晚上,我忍不住想发神经的冲动,在朋友圈里发了一条不知所云的动态,特别巧的是小猫第一个给我评论,然后还找我聊天儿,说突然想起我们初中的时候……

我一直没有回复她,她终于忍不住,又问我在想什么。

我也不知道为什么,明明没有可比性的。我想的是去年看的一部小清新韩剧《Oh 我的鬼神大人》。

故事的男主角上学的时候是个瘦瘦小小的懦弱的孩子,经常被一个大个子同学欺负。毕业以后他有了一家自己的餐厅,而且是主厨,事业有成。有一次同学聚会,他理所当然地想着要在同学面前炫耀自己的成功,特别是要炫耀给当年那个一直欺负他的大个子同学看。可是大个子同学却迟到了,很久以后他来了,却成了一个生活潦倒、四处受气、为了生计一直赔笑脸并且东奔西走的中年人。

后来聚会散了,男主角一直坐在灯下沉思着。就像一个人铆足了劲儿，最后却打到了棉花上一样。但是从那个时候起，他终于能向少年时代那个懦弱的自己平静地道别，走向真正的心理成熟。

我想了好一阵，看到小猫一直在和我说话。虽然我并没有回话，但她还是在自说自话，说今天普罗维登斯天气不错，清晨看到了一朵小蓝花等。

我突然插话说："小猫，还记得你当初追了很多年怎么追也追不到的枫同学吗？"

"烧成灰都记得。你遇到他了？他怎么样了？"

我在心里哀愁了很久，犹豫着要不要残忍地告诉她真相，然后试探性地问她："你到底喜欢他什么？这么执着地喜欢了他这么多年。"

小猫一如既往："颜值啊，这是唯一的标准，我就喜欢那种范儿的。"

唉，可是你爱了那么多年的那个男孩儿，变丑了。

突如其来的相遇,最终都只留下背影

01

凌蕾初遇周甄,是在南下的火车上。据说湘西那一阵下了很久的雨,洪水在湖南泛滥。火车停了近半个小时,软卧车厢里有人嘟囔,有人开始烦躁,有个小伙子开始收拾行李,他问她:"姐,你去哪里?"

她很警惕地瞧了他一眼,搂紧了素儿,说:"广州。"

"去广州干吗?"他一边收拾行李,一边继续问。她不再出声,拿出 iPad,给素儿看她喜欢看的那些插画。出门在外,她不喜欢和陌生人搭话。素儿看了一阵插画也有些烦躁,但是因为她听力不太好,语言表达能力也不行,三岁的孩子只会嘤嘤地叫唤。

素儿有些不寻常的表现惊动了刚才在收拾行李的小伙子,他抬眼看了看她。

"姐,据说前面的路都被淹了。我估摸着火车要往回开。你要是信我,就和我一起下车,我们去株洲转乘高铁。"

车厢里的另外两人听了后,一个在打电话,一个问他一些其他的情况,但都拿不定主意。

素儿开始哭了起来,凌蕾手忙脚乱地找糖。小伙子递给她一块彩色的棉花糖，素儿不哭了。

"我叫周甄。"她的注意力还在他的手上，他的手特别漂亮、修长，骨节不突出，指甲很干净。

"愿意和我走吗？"他微笑地看着她，也扫了其他两人一眼，问，"你们呢？"

虽然问了其他两人，他的眼神却只盯着凌蕾，似乎要盯到得到她的答案为止。凌蕾突然想起一个词——小狼犬，周身有些压抑又处于爆发边缘的荷尔蒙气息，眼神里是男人初恋时才有的纯情与偏执。

撩拨人心。

特别是对凌蕾这种表面看上去盛气凌人、生人勿近，内心却开始腐朽的女人。

三十一岁，凌蕾第一次跟着一个陌生人走，下了火车，坐着汽车，一起去陌生的远方。

02

周甄说自己是画家，并且画得很好。但现在的绘画界不景气，所以他在帮家里打理生意。

他看了凌蕾一眼，对她说："我猜，你过去是演员，或者模特？"

她笑了，然后说："我最开始是打排球的。"她打了很多年排球，却不是她的爱好，只是因为成绩不够好，听说当体育特长生可以加分。大二的时候，父母离异，她一家人感情都不好，她辍学了，当过北漂一族，在片场给一些模特做过替身。有时候身上会画满形形色色的彩绘，她回到租住的房子里，用刷子直接刷自己的皮肤，还经常刷不干净。

不曾深夜痛哭，不足以谈人生。

有一次，凌蕾在片场偶遇她的大学老师李齐，他惊讶她为什么不把大学读完。

李齐把她捡了回去，好像是在一个沉沦的旋涡中，他救了她。但是她却不知道，自己会进入另一个轮回的旋涡。

第一次进李齐家门，饱读诗书的准婆婆透过老花镜看了她一眼，说："眼睛小，腮帮子尖，嘴唇又厚。哪里美呢，这是克夫的长相啊！"

她这才知道读了书的人说损人的话更刻薄。

结婚后很多年凌蕾都没有怀孕，后来好不容易有了女儿。生下来听力不好，李齐一家都很失望。除了丈夫，其他人也没有想要把失望表现得克制一些。

后来李齐的工作越来越忙，凌蕾时常一个人带着素儿去恢复听力。路那么长，只有她一次次地背着女儿。

凌蕾和周甄说自己的事，只是寥寥数语。并非不信任，只是不想谈。他听她说是带女儿去广州恢复听力，对她微微一笑，她却有点儿想哭。

03

在高铁站，凌蕾觉得自己累得时刻要倒下。她没有说出来，但是周甄知道，他说，洗个头或许会好一些。周甄拿出他的洗发露，高铁站有热水。他们出来了两三天，坐了将近一天的软卧，还坐了六个小时的大巴。

凌蕾第一次在外面洗头，还是一个男人——或者应该说是一个大男孩儿帮她洗。周甄眯着眼睛,带着微笑,唱着歌:我深爱的那个姑娘,她一点一点吃掉我的眼睛,我的世界,只剩下红色。

凌蕾用毛巾裹起了自己的头发,抬起头,看着他笑了起来。笑容灿烂。

周甄说,自己的梦想就是不顾一切地去爱一个姑娘,带走一个姑娘,远走天涯,隐姓埋名,平常度日,过完这一生。

凌蕾不说话了,回去看着睡着了的素儿。他也没有说话,拿出纸笔,在一旁画画等车。

快上车的时候,凌蕾有些尴尬,看了一眼周甄。他好像突然回过神,把画笔收了,过来拿起了她的行李箱,还一手抱过了素儿。

凌蕾觉得自己想多了,可是好像又没想多。

他有特别敏感的内心,爱爆发。她后来在高铁上问他是什么星座,她以为是白羊座,结果却是双鱼座。敏感纤细,无比复杂幽深。他在高铁上和素儿玩比手指,用 iPad 给她画画,哄得她很开心。据说他少年时代也不如意,经常与人打架,父母不在身边,有一个漫长、湿润又狭仄的青春期。

周甄说到了广州,还可以一起走。

凌蕾愣了一下,说孩子爸爸都安排好了,酒店就在医院附近,她打个车去就好。

下车的时候互相道别,但是她带着孩子坐了直升电梯出站,看到他站在前面,对着她笑。她想起来在车上的时候,他说自己是一个不问前程、彻骨浪漫的人,她觉得他有些孩子气,她也笑了起来。

"下次,我们一起去旅行,好吗?"他终于在快走完所有共同的路的时候邀约。

凌蕾虽然相信他,但她此时却不知道怎样回答。他拿出一张纸,默默地给她,上面是他给她画的画,画纸上的凌蕾孤独又美丽,长长的睫毛上还挂着露珠。画像的下边有一个未来的日期,她知道,他希望那天一起去旅行。

她接过了画,没有说话,点了点头。

凌蕾见周甄的最后一面,是她坐在出租车上带着女儿前往医院,他站在那里目送她。她一回头,看到他嚼着口香糖,但是眼里含着泪,眼神愤懑而无助。

那些年，被妖孽偷走的男神和青春

01

青春期有个年龄段，男生、女生都宣称自己喜欢那种高高瘦瘦、有文艺范儿的女生。其实，那都是幌子，实际上他们都喜欢前卫、疯狂、丰满的小妖孽。

我在青春期时将一个叫宁宁的学长奉为男神。那时，我每天坐公交车去上学，会看到宁宁很拉风地骑着一辆南方125摩托车。有一次我误了早班车，想到会迟到和罚站，委屈得在马路边掉眼泪。

像电影中英雄救美一般出场的大英雄那样，在我哭得要死要活的时候，宁宁学长骑着他的南方125摩托车，戴着山寨雷朋眼镜过来对我说："走，上车。"

那时我的词汇量真的很贫乏，一路上都只想"帅呆了、酷毙了……"

现在想起来超囧，当年的宁宁梳着郭富城那样的两片瓦发型，穿着脏脏的牛仔裤和尖头皮鞋，我坐在他的摩托车上，超过了没有赶上的公交车，感受到那一车人满满的嫉妒与恶意。而我则沉默着思考一个问题：我的手放哪儿合适？

从那天起，我放学都会去看单车棚，看看那辆在破破烂烂的单车中鹤立鸡群的南方125摩托车，幻想着某一天学长宁宁再叫我上车。

但是一次也没有过。

有一次我偷偷地躲在那儿想制造偶遇的假象，结果看到宁宁走过来走过去，根本就没有看小小的、平凡的我。

我不死心，继续跟着他走，看到他没有像往常一样骑车，而是去了学校后面的护城河边。

02

我在那里看到有一个女生在等他。那个女生我们都认识，叫舟舟。舟舟是每个学校都会有的女生公敌，她长得漂亮，成绩不好，而且抽烟、打耳洞、化妆，是我们都唾弃的"小妖孽"。我以为是她主动约的宁宁，想要给宁宁送情书，然后宁宁会大义凛然地拒绝。学长怎么可能会看上这种人！

但现实打得我的脸很痛。接下来我看到宁宁一路小跑，迎向了他的女神——被我唾弃的"小妖孽"舟舟。

他们在护城河的石拱桥下接吻。

那是单纯的我第一次看到现实世界中的人接吻，宁宁抱着舟舟背对着我，吻得疯狂还投入，舟舟的手在他背上抚来抚去，我看得目不转睛又无比沮丧。

我第一次明白了为什么女生都讨厌舟舟，因为我们都想成为而又不能成为舟舟。

原来我们都想成为一个拥有美好青春与男神的"小妖孽"。

我看看自己，自卑得恨不得想钻进地洞。我爸妈是50年代生人，后来老来得女，最担心的事情就是我会早恋。他们还秉承了那个年代的审美，用更凶残的手段扼杀我的感情。

他们毁灭我的审美观，教育不当的羞耻观，把所有美的说成不美的，实在不能说不美的就说成骚的，是羞耻的。

于是我觉得女孩子穿显身材的衣服骚，烫大波浪长卷发骚，画眉毛、涂口红骚，打耳洞骚，一切引得异性注意的行为都是骚。

我那时梳着短发，穿着不修身的灰不溜秋的衣服、式样最丑的白色网球鞋。不光丑，还劣质。现在回想起来就恨不得用那个捂脸的表情包批判自己：哎呀，你这个丑东西。

活该男神不喜欢我。

03

朋友玲子，长得美，而且行为端庄，从小就是三好学生。一直觉得她的青春没有自卑与遗憾。

结果她说，她最遗憾的，就是自己长成了一个小家碧玉。

她的父母都是老师，从小按照品学兼优的三好学生的标准培养她。长大以后的她，依旧永远只化淡妆，穿得像个家庭妇女，衣服至多穿个无袖，吊带之类的都不要想，内衣、内裤也从来不买黑色的、蕾丝的，一直都是白色的、全棉的，被奚落是男人看了就无感的。

玲子曾经有个与她是青梅竹马的朋友，一直以为互生情愫，一直发展下去则水到渠成，可是进展缓慢。玲子终于鼓起勇气，说希望两人的关系可以更进一步，共度一生。可是对方却毫不犹豫地拒绝了，他说玲子什么都好，但是他喜欢有点儿妖性的女生。

玲子强忍着微笑，保持着端庄，因为她是小家碧玉，她只能一直端庄、一直懂事、一直得体，哪怕心痛，也要强撑着、微笑着说："哦，是吗？我知道了哦。"

她约我在她家喝酒，买醉。我们两个被"碧玉"禁锢了多年的老姑娘互相把酒言欢，做人生小结。

碧玉永远拼不过妖孽。

因为，碧玉端庄，妖孽风骚；碧玉拘谨，妖孽开放；碧玉懂事，妖孽刁蛮；碧玉只能喝茶，妖孽可以喝酒；碧玉要时刻注意形象，妖孽想怎么做就怎么做。

最后，世界和男神们都属于妖孽们。碧玉，还活在那个碧玉的世界里。关键是，很多碧玉，她们内心并不想做碧玉，但是她们从小生活的环境和认识的人，逼着她们躲在碧玉的壳里。

我和玲子总结，青春已经被妖孽夺走了，接下来的日子，与其再惧怕妖孽，不如自己成为妖孽。即使没有妖孽的心，也可以有妖孽的外表。

我们第一次一起去健身房，看到一波前凸后翘、疯狂露肉的健身辣妹后，面面相觑，两人第一反应还是"哼，太骚，不正经"。

随后又哑然失笑，至于吗？健身之初，在一堆辣妹中的我们，像两个乡下来的马戏团小子，自己包裹得严严实实，还不敢乱瞄，生怕眼神停留在不该停留的地方。后来随着时间的推移，自己的肉减得越来越多，马甲线也越来越明显，就恨不得也越穿越少。终于有一次看着镜子中的自己，心想：嘿，你个小妖孽……

在爱情里,我们都是彼此的过客

01

早上五点就睡不着了,她看了一眼闹钟,蹑手蹑脚地起来。

走到客厅,茶几上有一包薯片。她想喝水,但是又突然找不到饮水机,觉得又困又饿又渴。饥不择食,刚拿起薯片的时候,叶成就走了过来。

"哗"的一声,撕薯片包装袋的声音划破了清晨的寂静,同时,衣服也被撕开。薯片撒了一地,茶几上、地毯上到处都是。她被叶成横抱起来,又扔回了房间的床上……

两个月前她还是一个普通的学生妹,和同学在 KTV 唱歌,从晚场唱到晚晚场,大家一条心要嗨一个通宵。

她唱 SHE 的《找不到》,正唱到"爱的方向找不到,我在你的心中还剩多少"的时候,叶成突然推门进来。

有个微醺的男生说:"大叔,一起来喝一杯。"

他一言不发,盯着唱歌的她,他盯久了,同学们都开始起哄了,她才放下话筒。

"你……继续唱歌。"他突然说话,声音嘶哑,眼睛里有红血丝。

她心里想,他兴许是喝醉了。她不知所措,喝多了的同学开始起哄,他揽着她的肩膀不停地说,"你唱啊,唱啊。"

僵持了很久,最后他突然夺门而出。

KTV永远是吵闹的,大家唱起歌来都自以为是巨星,同学们都开始唱歌,似乎前一分钟的事情后一分钟就会忘掉。她坐在沙发上,只想着之前他揽着她的肩膀,他的瞳仁很黑,一眼望不到头。

第二天早上,晚上像疯子一样的人都失去了精力。她的同学大乐埋单,她在大厅沙发上几乎要睡着了,大乐突然在收银台那边叫她过去。

"我没钱。"她懒洋洋地耍赖,以为怪她喝了很多价格太高的啤酒。

结果大乐依旧叫她过去,还告诉她:"嘿,你昨天色诱的那个大叔是大款,他帮咱们埋单了。"大乐一副地主家傻儿子的表情,"而且这个大叔,还忘记拿走自己的钱包了,你去还给他吧。"

02

她打开钱包,发现里面现金还不少,还有身份证、银行卡和一张工作证。

她看到叶成是医生,工作证上的他正襟危坐、一脸禁欲之状。

她去找他的时候他在给人看病,还问她哪儿不舒服。

她说:"我哪儿都不舒服。"

她突然觉得有些不对劲。他不屑并且不耐烦,就要打电话叫保安轰她出去。他似乎的确不认识她了。

世界上有一种孙子——白天是好人,晚上是畜生,而且酒醒后什么都不记得。她觉得玩不下去了,把钱包扔到了桌子上。

"钱包里这么多钱,你是不是收病人的红包啊?"

"你到底是谁?"他还一副要打破砂锅问到底的样子。

她倒是无语了,这个男人早上还情不自禁地当冤大头埋单,现在看起来完全不记得她了,难道真的是人傻钱多?

"我是捡到你钱包然后拾金不昧的好市民。"她心里想,还不如不来还钱包,或者现在讹他一笔?

"哦,谢谢你。但是捡到钱包你挂号干吗?"他没好气,开始在电脑上敲敲打打。

"我最近觉得自己有点儿内分泌失调,你看,我脸上都长痘痘了。"

他打开抽屉,拿出一支金霉素眼膏,丢给她:"拿去,回去涂吧。"

她心里想,拾金不昧,奖品就是一支几毛钱的眼膏?

03

她那时候不相信叶成真的不记得她了,或许他想在单位装正经人?谁知道他在外面是这么一掷千金。

她以他的恩人自居,让他请她吃饭,他的表情压抑且极度烦躁。吃饭的时候他们相对无言,她想和他说话,可是他脸上总是一副生人勿近的表情。

"你真的不记得我了?那你还记得你的钱包是在哪里丢的吗?"

"不记得了。"他的表情无比诚恳。

"爱的方向找不到,我在你的心中还剩多少。"她轻轻唱了起来。

叶成突然就魔怔了,恢复了上次在KTV时一模一样的表情,死死地盯住她,一言不发。

"你……继续唱。"连台词都一样,好像他是个机器人,这句歌词是他的开关,然后他就会进入某种模式。她停下来,他突然恶狠狠地看着她,"你要不就继续唱,要不就别再来找我,你到底要干吗?"

她被他吓到了,不知所措,他脸上的温度似乎很高,热气灼人。

然而,没过多久,他又泄气了:"你还是别来找我了。"

"不要。"她突然固执了起来,想起第一次看到的那对黑亮不见底的瞳仁,并且抱住了垂头丧气的他。

04

他送她回学校,她向他提要求:"我还想去海边玩一趟。"

"不行,我要回医院。"叶成最擅长的事情就是拒绝。

"不要嘛,我就要回学校了,你陪我玩玩嘛,玩玩嘛,好不好?"她努力扮成人畜无害的小白兔。

他一哆嗦:"你好好说话我就去。"他开着车,她哼着歌,他的手指在方向盘上打节拍,看上去很愉悦的样子。

在拐一个弯道的时候,她说:"大叔,你看过一部叫《头文字D》的电影吗?"

"看过啊,但是我不玩漂移。"

"谁说漂移了,我是说里面那个女孩子。大叔,我家里很穷,学费都是凑的,我妈要我去当家教,但是我不愿意,我们两个"互助"

一下好不好？"

他有点儿惊讶,沉默着。

她突然哭起来:"我知道,你就是只想听我唱歌,唱《找不到》,因为声音很像你的前女友,是不是?你前女友甩了你吗?让你这么伤心,其实你虽然有点儿老,但还是很帅的啊!"

终于触碰了他的雷区。

她开了口,表明了态度,死死地黏住叶成,谁叫他长得帅又有钱。他态度也不坚决,学生妹看起来清纯靓丽会撒娇,想拒绝她就拼命地哭,还唱歌。两人最后还是回到了他的公寓。

他到底面子上放不下,也没有管她,自顾自地脱了外套去洗澡。洗完澡出来看到她把零食撒得到处都是,微微皱眉,开了小灯在观景阳台上看书。

她还在那儿吃零食,向他要衣服洗澡。他终于有些忍不住,问她:"你知不知道我是什么人?"

"你是叶医生,也是我的金主。"她是那种圆脸,很年轻、胶原蛋白丰富,眉毛有些淡也不画,满脸的朝气全凭青春撑着的女孩儿。他终于沉着脸走过去,似乎要拎起她扔出去。

她好像没有防备,大叫了一声。

他捧起她的脸,亲了一口。他看着她,她也看着他。两人都坦诚相见,突然眼睛里也满是真诚。

她觉得该说些什么:"我爱你。"

他笑了一下,好像眼睛里的星星闪烁了一下,说:"我也爱你。"然后继续让她感受他的温度与动力。

05

她经常逃课去找他,他们有时候也一起看电影。

她说他家像手术室,太冷。有时候她会把屋子弄得很乱,说添加一些烟火的气息。每次她还没走,他就开始收拾。有一次两人缠绵一宿,睡到了大中午,叫了个外卖,好久都没来。

两人都饥肠辘辘,她说:"你家里怎么不准备些食物,这样我们就可以自己做着吃了。"

她的话似乎提醒了他,他说冰箱里好像还有一些饺子。

她当即起身,飞奔到厨房,开始煮饺子、弄蘸料。手忙脚乱之际,又被他从背后抱住。

回到学校后,她看到书包最里面有一沓钱。

她知道他只是接受了她的提议,虽然顾及她的自尊心,不当面给,但是每次都给她。

有时候她会叫他老公,他也会叫她宝贝,但是只限在床上。

每个人都要弄清楚自己的定位。

她时常提着大包小包的东西去他家,塞满他的冰箱、他的胃,还经常在他家和他一起收拾和打扫。有一次洗了未干的衣服没有在回学校的时候取走,后来慢慢地,越来越多的东西开始侵占他的公寓。

他们也开始在家里做饭吃。有一次她煮了水煮鱼,煮的时候很香。他在后面默默地抱住她,她想,鱼要煮得久一些才好吃。

吃饭的时候,门铃响了,她有些慌乱,他说没事,他去开门,开了门却没有声音。

她走过去,看到他和一个女人在门口相互对视着,两人不说话一直僵持着。女人看到她后,转身走向电梯,叶成有一个下意识要去追的动作,然后面无表情地折回来,把门关了。

沉默而尴尬。她终究还是不够成熟,先开口说话,问他:"你不是说她死了吗?"

他没有回答。她陪他坐着,心想就这样坐到天荒地老也好。

歌曲都是原唱最好听。即使翻唱的人唱得更好,也比不了原唱的味道。

"你走吧。"他终究这样对她说。

她笑了一下,心里一片慌乱。

终究不是长久之计,有时候挪位的东西总要复位。

她那一走就杳无音信,也不再回来。他牵挂她没有钱用,又怕去找她会被她的同学误会。

好几次在外面吃水煮鱼,看到有女生走过去他都追出去喊:"檬怡……"

没有一次认对了人,他开始恼怒,外面的水煮鱼为什么都放这么多味精?

他似乎不想承认自己在想她,所以骗自己只是想她做的水煮鱼了。慢慢地,他开始发觉,他也想她暖暖的温度。有时候睡醒了去摸身旁,发现什么都没有。

她是不是去找别人了?他有这样的疑惑的时候,突然感觉自己被什么东西刺痛了一下。

那天是前女友愿丽来找他,曾经以为一辈子都不回头的人却想回头,曾经从来没想过会离开的人却离开得很决绝。

有一次去学校找她,同学说她去当交换生了。

他问东问西的,她的同学很不耐烦:"大叔,你为什么不给她打个电话啊?"

"你知道她的地址吗?或者银行卡卡号。"

听到银行卡卡号,她的同学突然警惕了起来:"你要她银行卡卡号干吗?"

"我是她表哥,想给她打钱。"

"你信不信我叫警察,檬怡什么都缺,就是不缺钱,好吗?"她的同学真的就要打"110",他落荒而逃。

她就是不缺钱?

他终于忍不住又找其他同学打探她,结果令他很吃惊。

她父亲竟然是本市首富。父母离婚,她归她妈妈管,十年前她妈妈再婚,同母异父的妹妹现在七岁。

他突然想起每个周末她都不回家,就穿着他的T恤衫和拖鞋在他的房子里晃荡。她大概真的是无家可归。

叶成一个人开车回去的时候,突然想起之前给她的那些钱。他极度不适起来,把车开到了路边,她曾坐在他的车上,小圆脸眉飞色舞地说:"大叔,我们互助吧。"眉毛淡淡的、牙齿洁白。他都喜欢。

他看着路边的树,车窗逐渐朦胧。不知道是下雨了,还是心里潮湿了。

那些有很多前任的女孩儿，后来怎么样了

01

姐妹淘中最后一个单身公主西西终于也要结婚了。

我们开心地组织了一次单身 Party，聚会结束后，叫各自的老公接驾回府。西西的准老公陈卓也来了，看到西西就说："差不多了，少喝点儿啊。要不要我去给你买点儿酸梅汤醒醒酒啊？"

陈卓姗姗来迟，微醉的小宁看到了，趁着几分醉意，顺嘴秃噜："哎呀，不管什么年纪，都是撒娇的女孩儿最好命。西西，你谈了那么多次恋爱，有对你死心塌地的程晨，还有将你宠得不可一世的潘彤……"

我们赶紧捂住她的嘴，但是看到陈卓本来阳光灿烂的脸，已经一下子晴转多云。

他当着我们的面问西西："程晨是谁？怎么又来个潘彤？我知道的还有个苏林啊，说好的之前只谈过两次恋爱呢？你到底瞒了我多少事！"

本来一件高兴的事情，就被小宁这个大嘴巴弄得不欢而散了。除了气氛不好，我们也忍不住问西西了："你怎么回事？敢情都要

结婚了,还骗你未婚夫啊!"

西西也很沮丧,说:"唉,除了忘记掂量小宁的智商和大嘴巴程度,也怨我自己,当时信别人的鬼话……"

02

西西在和陈卓交往之前,总共谈了五个男朋友。有一次她看《非诚勿扰》,看到有个女嘉宾说,面对优秀的结婚对象问你谈过几次恋爱时,你最多只能告诉他两次,次数多了他承受不起,你这是给自己埋地雷。

西西听了深有感触,想起曾经向交往到谈婚论嫁的一个男朋友坦白自己的情史,结果那个男人第二天就不辞而别。直到后来遇到了陈卓,陈卓和她兴趣相投,为了呵护这段西西想要珍惜的感情,她一直告诉陈卓,自己之前只谈过两次恋爱。

结果却没想到婚前出了这么个岔子。

虽然陈卓怄气了几天,但是婚礼还是照常进行了。但是婚后没多久,西西就向我吐槽了:"唉,简直嫁了个间谍。"

她说婚后,陈卓天天怀疑她。有一次西西晚上接到了大学室友的电话,聊得兴起,怕打扰陈卓休息,就去了阳台聊,结果她从阳台的窗户上看到,陈卓竟然光着脚来到了书房偷听。

本应该享受宴尔之乐的小两口儿,却总感觉隔了点儿什么,但又没人去捅破那一层隔膜。

03

西西说这些的时候，我想起了我的一个大学同学，外号叫艳后。

我和她同窗四年，印象最深的就是，当年军训一个月，她就换了两个男朋友。而大学期间，与艳后交往过的男生我估摸着要到了两位数。

因为读书的时候交情一般，毕业以后和艳后也没什么联系。有一天突然在街上偶遇，我竟然差点儿无法认出艳后。

她推着一个双胞胎婴儿推车，身材丰腴了不少，脸上未施脂粉。虽然风韵犹存，但感觉从当年的小妖精变成了一个贤妻良母。

我很想知道，当年收获了无数王子芳心的她，最后嫁给了谁。

她笑着说："初恋啊，青梅竹马。我老公是个普通人，公务员。"

我没有忍住，说："你兜兜转转一大圈，最后还回到原点了。那你老公知道你的情史吗？"

"知道啊，我所有的故事他都知道。他所有的故事我也知道。"

"一个人爱喝白开水，可能是因为他没有喝过其他饮品，也可能是因为他喝过了饮料、红酒、咖啡、奶茶，最后，他说自己最爱喝的是白开水。但是有时候，白开水已经没了，所以他开始羡慕没有喝过其他饮品却拥有白开水的人。"

"我们，就是喝过所有饮品之后，还想念白开水的人。"

艳后说话的时候，孩子哭了，要换尿片。我看她熟练地给孩子换尿片、喂牛奶，不得不感慨，这个曾经领略过各种饮料甚至是烈酒的姑娘，现在喝白开水喝得还真是怡然自得。

04

自打偶遇艳后之后,我一直想把她的白开水理论讲给陈卓和西西听听。

结果我还没来得及说,西西的电话就来了,她在那边大哭,说:"陈卓可能在外面偷吃。"

原来,西西去处理车辆违章事件时,无意中看到一条外地的违章记录。后来想起来,好像是那个周末,陈卓说要加班。

西西去调监控录像,看到副驾驶上坐了个美女,陈卓与她眉开眼笑地说着话。

敢情加班就是个幌子。

西西在那边号啕大哭,结婚以来所有的愤怒、怨气顷刻决堤。我无奈去做和事佬,找陈卓说此事。

结果陈卓一听也蒙了,说当天确实是在加班,那个女孩儿确实是自己的客户,但是对方说自己的车去做保养了要求他送一下,后来想过是不是要和西西报备,但是又怕她多想。

我们做和事佬的还和他们小两口儿一起吃了顿饭。西西问陈卓,还想不想知道她与程晨、潘彤、苏林等人的故事。

陈卓摆摆手说:"再也不想知道了。其实我也不介意,只要你以后一心一意对我就行,只是当时觉得被欺骗……"

过往统统既往不咎,让这些事情彻底翻篇儿。婚姻还是信任好,越简单越快乐。

西西说:"其实我一直隐藏得很辛苦。我之前一共谈了五次恋爱，这其中我体会到了什么是不该有的难过和眼泪，什么是真正的喜欢，什么是一厢情愿。我遇到过浑蛋也遇到过人渣，直到遇到很好的你……"

其实，大部分有很多前任的姑娘都会觉得，为什么谈了那么多个还是没有找到理想的他？一定是自己有缺陷，至今还没有修炼好，也很怕因为有这个缺陷会一直孤独到老而一直惶恐。

也有强大的姑娘，在数次感情中修炼成更好的爱人以及爱自己的能力，并且变得越来越独立。

其实，过去的事情都不重要，无论爱过多少个人，爱得有多深，都不应该感到羞愧。不需要隐瞒，更不要撒谎，坦然地面对过去，深情地寄望将来，如此就好。

爱情的天敌是觊觎，幸福的敌人是比较

01

朋友小琪过生日，我给她发微信祝她生日快乐。她马上回我："没出去？要不要一起共进午餐？"

我弱弱地说："生日不是应该和最重要的人一起过吗？"

她在那边长长地哀叹了一声，说："是啊，你不说我都忘了今天是我的生日，别人过生日老公都是送花、送礼物、送温暖，再不济也能提醒多喝水……我一定是找了个假老公。"

她把她老公刚发给她的微信消息截屏给我看，她老公何总在微信上给她发了两个 Excel 表，分别是一份详细的十年计划和年内计划，而接下来的聊天儿则是气壮山河地表示，要用未来十年之力补过去十年之憾，力争四十岁的时候与时代精英在同一个起点上。

同时何总还不忘提醒小琪，可以每天用手机软件学习英语，并要求她坚持打卡。

我终是没有忍住笑，对小琪说："你找了一个人生导师啊！"

她也在那边无奈地笑了。

其实在他人看来，小琪的老公何总就是传说中别人家的老公。

年轻好胜、一心上进,年纪轻轻就在大型国企中身居高位。小琪当时也是被何总的意气风发所打动,两人闪恋、闪婚,小琪临盆在即时,何总说,援疆的申请批下来了,这对他的职业生涯很重要,回来以后必是履历上的闪光点,而且一般都会飞速提拔。

小琪心里再不情愿,也大着肚子说好男儿志在四方,有我在后方你大胆去冲。

后来孩子出生,何总回来休了探亲假,而后又像过客一般匆匆离去。一个家、一个孩子只有小琪一个人在守候,艰难苦楚也只有她自己知道。

何总每天都在计划自己的人生,也很努力地生活,同时希望小琪一齐上进并常常怒其不争。终于有一次,小琪在给孩子换尿片的时候,他打电话来向小琪倾诉自己最近的困惑,小琪说自己在给孩子换尿片,何总又说最近网络上讨论比较多的三十五岁现象,小琪还是说儿子的尿片没有换好。何总这才没有说工作与人生,转而哀叹了一声,说总觉得他的困惑小琪无法感同身受……

小琪终于爆发了,说:"老娘现在只想安安静静地给你儿子换个尿片,你能不能做到?要不你就自己回来试试!"

02

每次小琪吐槽自己家的"事业精英",我另一个朋友小敏就会异常安静。我们私底下也说,小敏的老公要是能和小琪的老公中和一下,会不会是二十四孝老公?

小敏的老公小嘉,刚认识的时候自称是生意人。不过连同小敏在内,我们所有的闺密团也没见过他做生意。小嘉长得很帅,脾气性格很好，会说话，对小敏好，对小敏的姐妹淘也好，还做得一手好菜，所以很快就俘获了小敏的芳心，小敏飞速与他结婚生子。

不过直到孩子出生，我们都觉得小嘉有点儿怪怪的。小嘉每天的生活好像都是吃饭、上网、睡觉。小嘉好像没有朋友、没有工作、没有社交，每天都在家中和帮他们带孩子的小敏妈妈大眼瞪小眼。

我们问过小敏："小嘉不用出去工作吗？"

小敏说："他以前做生意，后来有债务在别人家没要回来。"

"现在怎么不去要了？"

"据说那人跑路了，他在筹备打官司。"

我们认识小嘉好像有三年了，这三年小嘉都在筹备这一件事，经济来源还是靠小嘉的父母帮衬和小敏上班。

但是老公如鱼饮水，冷暖自知，就像鞋子合不合脚只有自己知道。只是这个换鞋的成本略高、手续略烦琐。

曾经有不太熟的同事奚落小敏，说小敏不错，还是家中赚钱养家的主力，小敏虽然笑了一下，但是脸色很难看。我这种路见不平、拔刀相助的武林低手看不过去，说小敏现在孩子还小，只有小敏妈妈一个人带也辛苦，小嘉愿意放弃自己的事业陪伴孩子也不错，而且他只是暂时不去工作。

但是最近我看到小敏异常憔悴，据说是没有睡好觉，孩子中午、晚上都闹腾。我问她小嘉在干什么，她沉默半晌后，说每次孩子闹，小嘉都是哄一会儿就让她来，说自己困了。随后小敏更是感慨，那些总是宣传如婴儿般的睡眠的广告，要改成如婴儿父亲般的睡眠才对。父爱如山，正是因为他就是山啊，反正在那儿一动不动。

03

前天和朋友左左一起去看了电影《春娇救志明》，我这种没心没肺的人看得哈哈大笑，却发现不知道什么时候起左左红了眼眶。再环顾四周，发现很多人都在抹眼泪。

我明明觉得是一部搞笑的电影啊！

可是左左说，这部电影严重抄袭了她和她前夫的故事。

"怎么可能？你前夫明明是渣男……"我突然间也不说话了，想起电影里的张志明，难道不是个渣男？

同学聚会前，张志明目光异样地看着春娇："不如你还是化一点点妆？"其实，春娇已经化了妆……

旅行前，张志明说家里没人，不顾春娇的反对要让干妈来住。结果一开门，好一个年轻貌美还胸大的"干妈"。

地震的时候，春娇很怕，一直抓着门，他劝说无效后，自己钻到了桌子底下。

"反正我陪你一起去死，也不会增加你活下来的概率啊……"真恨不得当场翻白眼。

最渣的当属青梅竹马的干妹妹跑到卧室来借精子，说自己快要死了要赶紧怀孕生个孩子，张志明说这件事情要征得春娇的同意……这么说他自己是没意见了？要不要春娇说"你出精子、我出卵子借你妹妹腹生，看你干妹妹还同不同意"。

……

但就是这些渣男桥段，打动了很多人。很多人想起自己和渣男兜兜转转的那些时光，最后走散在某一个岔路口。若干年后想起来，却不全是感谢他不娶之恩或者离婚之恩，而是一声叹息或泪洒电影院。

明明是渣男，但就是爱过；明明是渣男，但就是还爱着。

你一边吐槽他，一边忍受他，他直男癌、小气、自私、暧昧、幼稚……哪怕缺点多得数也数不清就像镂空纱一样也可以，因为你知道，你只有一点不可以忍受——他不爱你。

04

很多人心目中的爱情，是像紫霞仙子那样的：我的梦中情人，是一个盖世英雄，我知道有一天，他会穿着金甲圣衣、踏着五彩祥云来娶我……

可是现实生活中，你等啊等，却只是等来一个好像一条狗的平凡人。每天白天上班，下班在家打游戏，幼稚、怕死、没责任心、没有仪式感，甚至婚也不好好求还在外面装单身……

情感专家总是写出各种各样的文章告诉你"什么样的男人才是爱你的男人"或者"教你多少招，看看他是否是渣男"，你对照它看看，越看越心凉；"别人家的老公"霸满你的手机屏幕，你无语至心塞。

你大哭一场，想分手，觉得自己一忍再忍，而他一渣再渣，很担心你的青春再也回不来，你永久陷入一个叫作"渣男养成计划"的主题。

其实，即便是至尊宝，他心里还有白晶晶的一滴泪啊！成年人了，理智一点儿好不好。现在想想年轻的时候闹得要死要活，最后分手的那些事，有多少的起因不是针鼻儿大的事啊！

很多渣男犯的错，说到底也不是错，只是你认为他错了。他之所以是渣男，也只是因为你叫他渣男。

你说他自私，不愿意陪你去死。可是我也不愿意陪天下任何一个男人去死。他掉进河里向我招手，我真的不会跳下去，我会跑开，还跑得很快。

我要去找一根棍子或者去叫一个会游泳的人过来救他。

那么，我是渣女吗？

他有时候和别人聊天儿玩暧昧，这是原则问题，你要及时喝住，立好规矩，告诉他什么是灰色地带不能踩，让他知道什么叫底线。但是大部分时候，只是他的思维方式与你的不同，还是那句老话——男人来自金星，女人来自火星。你觉得他犯了大错，于是赌气自己穿着睡衣冲出家门，随后发现他没有跟出来，又折回家中因没带钥匙在门外坐了一宿冻得哆哆嗦嗦，早上发现他睡眼惺忪地打开门，才发现昨天你没在家里睡……

他自私、幼稚、爱玩、直男癌，那也没有办法，谁叫你爱上的是这个人。时尚名人于小戈说过，爱情就是不知道这个人到底有什么好，却仍然喜欢到不可自拔。

爱情的天敌是觊觎，你不可以心甘情愿地享受着那些他对你的好默不作声，却觊觎着别人老公对别人不同的好。

幸福最大的敌人，就是比较。

爱情里，就应该只有你们两个人。

陪跑十三年的男神踏上了红毯

01

我的朋友小静,高二的时候,像"一见杨过误终身"一样,遇到了君君。

君君很帅,又是学霸。小静像所有不完美的女孩子一样,为了君君有一天可以回头看她一眼,努力学习、努力减肥、努力变美。终于有一天,她成功地坐在了君君的旁边,成了他的红颜知己。

小静与君君一起买过啤酒,在学校的草坪上喝酒聊天儿一个通宵,然后被学校的巡逻民警抓住带到了学校派出所;一起合作打游戏,结果水平差得被人打出局,垂头丧气地一起走出网吧;还曾黄昏六点一起荡秋千看日落,但前提是君君失恋了需要人安慰;早上六点,平时的起床困难户小静暴风起床只为赶在早操之前帮君君递一封情书给他的女神。

于君君,小静招之即来,挥之即去。不痛不痒,不悲不喜。多一个不烦,少一个不愁。

于小静,思主愁思出路,悲喜参半。进不能攻,退守不舍。多一天患得,少一天患失。

02

小静曾经和我说,看了金岳霖先生的故事,她特别感动,觉得那是一种真正的爱情。

她看的自然是那段著名的文字——

1931年,林徽因哭丧着脸对梁思成说,自己苦恼极了,因为同时爱上两个人不知道该怎么办。梁思成虽然矛盾痛苦至极,但苦思一夜,比较了金岳霖优于自己的地方,他贴心地告诉妻子:你是自由的,如果你选择金岳霖,我祝你们永远幸福。

林徽因又原原本本地把这一切告诉了金岳霖,金岳霖的回答更让人震撼:看来思成是真正爱你的,我不能去伤害一个真正爱你的人,我应该退出。

于是,他们三人毫无芥蒂、幸福地生活在一起。金岳霖仍旧与梁家毗邻而居,相互间更加信任,甚至梁思成和林徽因吵架,也是找理性冷静的金岳霖仲裁。

多年以后,林徽因已经去世。某日金岳霖忽然没来由地请客吃饭,等客到齐,半晌,自语一句:今天是她的生日。

我听了半晌没有出声,最后我说:"小静,你觉得可能吗?这只是一个代入了三个名人名字的言情小说。这个故事能广为流传,是因为触到了很多爱做梦的女人的点:两个优质的男人无条件地爱我,想选谁就选谁,还不需要对那个落选的人负责任。"

说白了就是韩剧呀!但是很多人就是痴迷着这样的剧情,向往爱人对自己一见钟情、从一而终,同时也渴望千年备胎对自己一见钟情、从一而终。你鲜衣怒马、功成名就,对于爱情和女人的选择空间巨大,但你偏不,你死乞白赖地只爱平凡如便利贴的我一个。

可是真实的历史是,金岳霖青年时期是个不婚主义者,有过同居多年的外籍女友,晚年又变卦,还几乎与著名记者浦熙修走上红地毯,后来因为浦熙修的身体原因作罢。你想象中的老金是一个不苟言笑的情圣,实际上,只是他在美洲开着跑车带着外籍女友兜风的惬意没与你分享而已。

03

有一些男神,就是喜欢撩妹。就像"一见杨过误终身"的杨过,随便数数杨过那些年撩过的妹,就有公孙绿萼、完颜萍、陆无双、程瑛、郭襄五个。

其中最惨的就是公孙绿萼。她为了杨过背叛自己的父亲,最后香消玉殒,却连个"妹妹卡"都没有捞到,死后尸身甚至无处掩埋,在绝情谷的熊熊火海中灰飞烟灭。

她为什么这么惨?一是不够美,二是足够傻。自幼长在绝情谷中,与外界隔绝,亲爹如后爹一般对她天天压制。又不幸遇到撩妹高手杨过,明知人家有小龙女还幻想二女共侍一夫,遭到拒绝后便生无可恋,才会有"你夫妻团圆,总不免要感激我这一心一意待他的苦命姑娘"这种傻念头。

她自怜自伤,觉得自己感动天、感动地却感动不了他,要以自残的方式让他的回忆中有自己。甚至直接代入自己是言情戏女二号,觉得自己会失去他而赢得整个世界。

实际上，只是偶尔有几个围观吃瓜群众道一声"可惜了"后继续吃瓜。

04

这些年我们都劝小静，纠结这么多年早该放下了。可是她一直不停地给自己打造一个绚丽的梦幻城堡，并乐在其中不愿意出来。

终于有一天，她接到了君君的电话。那是一个清晨，电话铃声响起的那一刻，小静就感觉不爽。虽然铃声是自己设置的喜欢的歌声，可就是感觉尖锐刺耳。

但她最终还是接起了那个电话。君君的声音喜悦而清脆，他告诉小静，自己要结婚了。那一刻小静感觉很恍惚，她的手颤抖着，似乎是第一次接到君君的电话。她努力地控制着头晕目眩的自己，让自己平静地听君君说完。

君君说："小静，我希望我人生重要的场合有你，你来当我新娘的伴娘吧。"

小静终于歇斯底里地爆发了，她哭着尖锐地叫道："你老婆没有朋友吗？我为什么还要当她的伴娘！"

但真到君君结婚的那一天，小静还是好好地打扮了自己，盛装出席，她知道，看着君君走完红地毯的这段路以后，她就再也不能陪他了。

该结束的终究是会结束的,那个人只是个念想，一个深刻的念想。

回想起陪伴君君的这些年，小静不舍得放弃，除了爱，还因为时间。她一直拿着爱的号码牌，站在君君这个窗口队伍的中前段。

她一直以为，再等等，就轮到了自己。

因为位置靠前，她不舍得像后段的人那样，眼看有新窗口打开就迅速转走。可是爱不是办理银行业务，只要等着都会轮到自己。当小静离他越来越近，就在触手可及之时，看到君君亮出了一块牌子，上面写着：closed。

小静说，感觉自己再也不会爱上其他人了。有一句话，叫"爱空了，心就空了"。好像自己成了一个空壳，空壳中的宇宙，变得这样的小，感觉自己如此的卑微。

但是我认为，爱情这件事，从来都不卑微，它与年龄、层次、财富都没有关系。爱情是需要那种疯狂与付出的，需要孤注一掷，需要我们去血拼。只是，就像柏邦尼说的那样：爱应该是有内容的，我可以给你在线试读，试读结束，你就该买正版。你不能反复地去给一个永不买正版的人试读，试读到磁粉褪去的那天，那样，你最终发现，你已经成为后备厢中逐渐老化的橡胶。

我也曾有一个张志明,可惜我不是余春娇

01

每次"志明与春娇"系列上映,我就会想起我的朋友可可。

第一部《志明与春娇》上映的时候,2010年,可可刚刚大学毕业,就在公司碰到一个像张志明一样的男人——陈晨。

陈晨是可可的同校师兄,所以一开始两个人关系近是很正常的事情。只是过了一段时间以后,大家都觉得工作狂陈晨好像每天就是吃饭、睡觉、工作、撩可可。

早上可可下了公交车,冻得一直哆哆嗦嗦的,他会笑话她,说她丑。但是转眼拿来一瓶热豆奶递给她,可可刚觉得感动,又听到他说:"我的,不许喝,就是借给你热一下手。"

可可被老板骂得在茶水间哭,他也会恰好去冲咖啡,陪可可聊天儿聊到她不哭。但是要走了,还不忘对可可说一句:"你今天穿的裤子难看至极,显得腿超级粗,你难道出门不照镜子?"

可可不能吃辣椒,但是同事们都是无辣不欢的吃货。每次吃饭的时候,陈晨都要抢着点一个不辣的菜,而且恰好就是可可爱吃的菜。

有一次好几个同事加完班去 KTV 唱歌，路上有很多小姑娘在摆夜市。可可好奇心重，一路走一路看，一直被男同事们催。走到一半陈晨说："我累了，要喝饮料。"他们就在一个店里喝了饮料，陈晨又说，"我去埋单，等我六分钟。"

回来再出发，他随手递给可可一个包好的礼物，告诉她到 KTV 的洗手间再打开。

可可真的到了 KTV 的洗手间才打开，看到里面是一个之前在夜市上爱不释手但是同事催促而没有下决心买的海星镶钻发夹。

她彻底沦陷了。

但是沦陷有什么用，陈晨只撩她不追她。

每天上班都是酷刑，想看他，看到他有时候面无表情，有时候又像之前一样，撩她一下，让她心里小鹿乱撞了然后又走开。

有时候几天没有音信，有时候可能在等车的时候给她发很多短信。

可可要是勇敢一些，他就会退缩。待可可走远了，他又来撩她，拉回来。如此反复，如此折腾，最后可可终于受不了了，随便接受了一个同乡男孩子的追求。有一次男朋友送她回家，她竟然偶遇陈晨，陈晨好似也没有事一样，还和他们两个人打招呼。可可说，那天下着毛毛雨，她和男朋友打一把伞，她看到陈晨穿着帽衫，头发上有一点点湿，他笑着走远，她眼泪几乎要夺眶而出。一路上都想着那个背影，背景音乐《可惜不是你》。

02

与敏感脆弱的可可不同,我同学飞飞是个敢作敢当的女孩子。

飞飞一直都有一颗热情奔放的心,撩男神对她来说也是小菜一碟,偏偏她又长了一张看起来人畜无害、与世无争的清纯脸。飞飞看到帅哥会忍不住轻轻地拍一下人家的屁股,经常在别人说完话花痴一样地拍掌说"哇,你真的超级帅",办个存款业务还不忘递给别人自己的等号牌,因为背面有她手画的小桃心和她的电话号码。

但纵然是高手,也会遇到高人。武林上就叫"道高一尺,魔高一丈"。

飞飞这个小魔女,有一次遇到了一个看起来很禁欲、很正派的实习老师。飞飞贪玩任性,老师一丝不苟,只希望她浪子回头金不换,而且飞飞真的不爱学习,专业很差。

刚开始实习的时候,飞飞向我吐槽过,说实习经历就是每天被长得帅的人羞辱。

没错,重点就是长得帅。

后来飞飞就开始撩老师、夸老师,说:"老师,你的手真好看,我最喜欢看男生的手了。"

老师害羞地藏起自己的手,她踮起脚尖凑到他耳边说:"不过,我更喜欢你的脸哦。"

有一次老师让飞飞去打印资料,飞飞在打印室大喊:"老师,没有墨盒啦!"老师走过去告诉她不要在办公区域大声喧哗,飞飞突然伏在他肩头,在他耳边耳语说,"老师,没有墨盒了。"

飞飞说那时候她很动心，感受得到老师身上的温热和淡淡的绿茶的味道。她邪恶地笑了一下，说他很闷骚的，用香水，还穿粉色的小内裤。

"你怎么连人家穿什么颜色的内裤都知道？"

"他弯腰的时候我看到的啊，这有什么奇怪的。"

但是飞飞最终也没有拿下老师，只是就这么完成了实习。老师一直让她撩，似乎也乐在其中。但是飞飞希望她撩他，他追她。再不济她追他也可以，但是老师没有给她这个机会。

飞飞实习要结束的时候，她很郁闷，和老师说："以后我还可以天天找你吗？"

老师说："最好不要，最近我们之间的来往你不觉得有些过于频繁了？"

纵然是百毒不侵如飞飞，听了这样的话也很难过。突然很想说，飞飞也是有自尊的。

"后悔吗？"我问飞飞，我知道她真的很投入。

她突然又大笑了起来，可是眼中却流过一丝落寞："不后悔，揩他油蛮多的。再说我本来就爱他。"

03

我发小大磊也是一个张志明式的男人。不过，他远远没有余文乐那么帅。

大磊的人生简历可以简单地写为：性别男，爱好女。

虽然他各种球类运动样样拿手，可是他闲着的时候，就喜欢和女生在一起吃喝玩乐还聊天儿。他身边总是有女生，特别是他们公司里的年轻女子，他总是最先和她们打成一片的那一个。

有一次我和他还有其他几个发小一起去香港玩，看到大磊拿出好几张打印纸，全是代购清单。我们叹为观止，问他是做代购生意还是替妹妹们买。他老脸一红，竟然有些羞涩地说："我妹妹让我帮忙买的。"

那次我和大磊一边吃红豆冰，一边聊天儿。也聊到妹妹的话题，大磊说自己妹妹是挺多的，而且同事居多。因为人家小姑娘刚进公司，多少有些局促不安，他都会去和她们打成一片，然后关系迅速升温。

"反正大家最终都会觉得，在一起玩得开心就好。"

大磊无辜地看着我，我好想拍照发朋友圈让大家都看看这个渣男。

大磊说的就是志明式男人的想法——我逗你开心，我们一起玩耍，但是我并不想要你做我的女朋友。

是的，我见过他见到他真爱的时候秒变痴汉脸。

春娇幸运又不幸，志明在和她暧昧的过程中最终动了情也走了心。但是遇到志明这样的男人，打江山不易，守江山更难，前方还有更多的变数。

如果遇到志明那样的男人来撩自己，该怎么办？

看你有什么样的需求了，如果你觉得生活寡淡，想被撩一下就接受咯，大不了就是失恋一次；如果你觉得生活五彩斑斓，完全不需要这种调味品，就果断地拒绝他。

很多人怕吃亏、怕痛，所以会说不要付出太多，要远离他。

我觉得，亏从来都吃不完，你不经历就喊痛是自己懦弱，以后还会一直想着如果做了这件事到底会不会痛。

喜欢就喜欢呗，多大点儿事。

感情不应该是博弈，你觉得他是情场老手自己动心了也不是你贱，因为心无法控制。别焦虑，不想回避就别回避，去面对，别给自己找借口。我们喜欢一个人并不是一定要和他在一起，有可能他也喜欢你，但是他喜欢你就像马景涛一样怒吼"我爱你"的男人更可怕。他喜欢你而不向你表白也不是他渣，可能是你在他心里的分量还不够，但是不代表永远会这样。

别过分相信一见钟情，生活和感情有时候也没那么惊心动魄。你满怀爱意，纵使不能经营出一份美满的爱情，但一定可以经营出美好的生活。

相爱要慢,分手要快

01

老实说,我是不太相信一见钟情的。

我只相信衣冠禽兽。毕竟,渣男不会在自己脸上刻上"渣男"两个字。

我的好友琳琳,暗恋了她的男神卡文六年。那时候的琳琳就像电影《初恋这件小事》里的女主角一样,是一个戴眼镜和牙套的女生,而且又黑又瘦。虽然她每天都在食堂和单车棚"偶遇"卡文很多次,但是卡文从来都没有注意过她。

后来卡文考上了大学,成绩还不错。学校的光荣榜上有他的名字、照片,琳琳经常在光荣榜前痴痴地看。她一直很努力,拼命地变美,拼命地学习,为了早日告别暗无天日的暗恋。

她终于考上了卡文所在的大学,因为是学妹,她理所当然地认识了卡文。但是,那时候卡文已经有了女朋友。直至卡文大学毕业,他们分手了。

卡文在外地工作的时候,有一次,琳琳飞去了他的城市,大胆地和他告白,他接受了。

从此，琳琳每天都忍不住向我们晒幸福，她说每天都和卡文有说不完的话。她实习的时候去了卡文的城市，和卡文一起住，给卡文做饭、熨烫他的衬衣，整个菜市场就她一个年轻的姑娘提着篮子买菜，看鱼贩子娴熟地杀鱼。她说自己愿意这样提前进入主妇生活，她感觉很幸福。

我一度以为，琳琳找到了专属她的幸福。可是有一次，一直乖巧的琳琳突然违背了卡文的意愿，催促一直打游戏的卡文早点儿睡觉，卡文竟然对站在电脑旁边的琳琳就是一个巴掌。

琳琳被打得天旋地转，当场脸颊就红肿了起来，然后一直耳鸣。卡文也慌了，马上叫了车送琳琳去医院。结果琳琳的耳膜被打穿孔了，还引发了暂时性失聪。

我对琳琳说，一旦打女人，这个男人必定是渣男，而且，他收不住手的。小摩擦他都能打你，你想想日后的大争吵呢？

琳琳流着泪说"是"，我知道她心中断然难以割舍这场倾注她所有青春的感情。

但是很久以后，琳琳都没有和我联系。我偶然间与她联络，得知她还是和卡文住在一起，我很久没有说话，随后只是问她过得好吗。

她大哭说过得不好，但是卡文像鸦片，她戒不掉。他每次对她不好以后又会换来暂时的甜蜜，她又很迷恋这种甜蜜，于是只能忍受之前的痛楚与屈辱。

这样畸形的感情自然是悲剧，琳琳最后还是悲催地被卡文甩掉了，而且很卑微。她曾经求他，曾经死抓着不肯放手，可是卡文还是无情地推开了她。

琳琳说，虽然认识了卡文那么久，但是她不了解他。在没有了解他的时候，她就告白了。其实她之前爱上的也不是卡文这个人，而是她以为的卡文的幻象。

但是，她明明有机会让自己少受伤害，最终却落得个遍体鳞伤地出局。

02

我有一个不靠谱的表哥。表哥虽然年纪比我大，但心理极其幼稚，情商更是低得不行。完完全全的就是一个吃货，小时候每次看到他，他都在我外婆家吃东西，要不就是送刚吃完的碗过来。

表哥大学毕业以后，舅妈就给他安排了相亲。结果挑剔的吃货到了相亲界，又成了"不挑剔先生"，所有的相亲对象他都觉得不错，只是对方没有看上他，理由都是太幼稚。

终于有个不挑剔的女士觉得他可以，两个不挑剔的人终成眷属。其实我也不知道他们有没有爱情，他们都是按相亲场上的那一套来。先见了面，然后很快就确定了关系，没有多久就宣布订婚。

当时表哥打电话告诉我妈他要订婚了，我妈也诧异不已。想到娘家的大侄子要订婚了，又惊又喜，最后挑选了一套隆重的衣服去参加表哥的订婚宴，却发现所谓的"订婚宴"不过是一起吃顿饭，女方家里就和我舅舅家里讨价还价谈彩礼的事情。而我表哥，从头到尾就在那里玩手机小游戏。

第一次看到准表嫂，我妈超级不满意。事后还打电话和舅舅说，表哥虽然找不到国色天香的女子，也不至于找一个这样的。

舅舅的回答让我妈语塞，他说能怎么样，都花了两万多元钱了。

据说他们刚交往不久，女方家里就有特别多的事情，比如父亲过寿、弟弟上学等，我表哥这个男朋友的功能好像就是掏钱。

后来他们一直不愉快，很多事情都发生了纠纷，但是每次想到花了钱,我舅舅一家就摆出一副"是苍蝇也要咽下去"的决心和态度。

结婚当天,我表哥脸上就有很明显的抓痕,我爸打趣他说新郎官的脸怎么了,他犹豫着看了一眼表嫂,说是猫抓的。

后来婚后生活自然不会幸福到哪里去,虽然生了一个可爱的女儿,但是一直打打闹闹。终于有一次听说,表哥要离婚了。准确地说是被离婚,因为表嫂出轨了,出轨一个已婚对象。做了人家的情人,还怀孕了……

明明从来也没有多喜欢过,一开始就是将就,可是每一次想分手最后不分或者分了再复合的原因都是因为钱。可是最后却发现,浪费了更多的钱,而且浪费的不仅仅是钱。

03

我有一个同事叫小晋。小晋总是一副不急不躁的样子,慢吞吞的。她是单位的出纳,每次报销,都会看她不紧不慢地数好所有票据,还要一张一张地看,所以,再烦琐的工作她也从来不出差错。

我刚进单位的第二天,小晋的妈妈就因为心肌梗死突然去世了。很多同事都议论说,小晋妈妈的遗憾应该就是没看到小晋找对象吧。

那时小晋三十二岁,还没有男朋友。很多人说她是"剩女",但是她并不着急,每天除了工作,还在读MBA,没事的时候还去学习插花、茶艺,日子过得有声有色。

我们领导给小晋介绍了自己的侄子,对方长得一表人才,而且硬件堪称优良。小晋和他接触了很久,我们一度认为两人在谈婚论嫁了。但是最后小晋说,她并没有接受他,果断地和对方说了再见。因为领导的侄子只是为了结婚而结婚,他觉得年纪大了,找一个合适的人就好，小晋就是那个合适的人，而不是他爱的人。

很多人当时也说，小晋是不是言情剧看多了，一把年纪了什么都合适还不结婚，还在找哪门子爱情，但是小晋听了，也只是笑而不语，继续插花、喝茶。

宁可有质感地单着，也不要将就地谈恋爱。哪怕会高傲得发霉，那又怎么样？

该来的一切都会来，小晋三十四岁的时候，打羽毛球邂逅了属于她的羽毛球情缘，对方三十六岁，一切都那么般配和她偶然天成。小晋并没有着急嫁掉自己，她和右先生谈了一年的恋爱才结婚，然后又享受了一段时间的二人世界，终于在她三十六岁那年顺利地有了自己的宝宝，组成一个幸福之家。

这是小晋等来的幸福，也是她挣来的幸福。

你想过自己想要的生活，就必须有勤奋和坚持不懈的精神。感情中也是如此，你要充实自己、投资自己，让自己看起来更好，值得拥有。你不能将就，不能凑合，不能觉得条件合适就接受。

一个人时，善待自己；两个人时，善待对方。但是对方若不善待你，就果断分手。你永远无法叫醒一个装睡的人，也永远无法唤起一个人本来就不具备的真心。

不要因为寂寞或者他人的期待而太快地开始一段感情，将就的爱情终究会酿成悲剧。不应该接近的人硬生生地在一起，只会互相伤害。而不合适的感情，一旦察觉，越早结束越好。

最心有灵犀的告白是,原来你也在这里

爱情突如其来,莫名其妙,我们唯一要做的就是,放下矜持。

01

伊眉和李先生的相遇,就是歌中所唱的"我排着队,拿着爱的号码牌"。

当时李先生是某运营商的一名实习生,刚好那天在柜台坐班,而大学毕业刚刚来到C城工作的伊眉,恰好那天去办手机卡。

那天天气很闷,而且李先生所在的营业厅正处闹市,取号一分钟,排队半小时。

伊眉是一个聒噪又易怒的人,李先生却很安静。在一群奶奶、阿姨级别的人不停地问各种白痴问题的攻势下,他坐在那里,好像是一个闲人,在安静地倾听。

伊眉排队等了大概十五分钟,就莫名其妙地很想发飙,想发一通脾气就暴走。突然看到坐在那里气质娴静的李先生,莫名地让她

很想变成一个安静的女子。

轮到伊眉的时候,李先生问她想办什么业务。看到他微微地笑了一下,她心里一朵白莲花静悄悄地开了。

她温柔地问他各种资费政策,她平时就是一个干脆无脑的人,那天也一直问。他也平和地解答她的问题,最后终于选号了,他说:"你选这个,好吗?尾号是771,挺好的。"

她说:"是的,挺好的。"

到现在她还是在用这个手机号码,有一次她自作多情地问他还记不记得他亲自给她选的手机号码,他说不记得了。

她那天偷偷地看了他的工作牌,知道了他姓李。

她曾是一个有神奇体质的人,总是轻易地将男神化为死党。她的死党大黄说,因为她太急,总是太容易被人看穿心思。

所谓心思,就是爱情中的一进一退。他们都说,沉不住气的人,会输。

可是她无所谓。爱情也会像麦子,她不停地捡,哪怕漏掉,她相信自己会留下最合适的。

第二天她又去营业厅,看到他轻轻地侧着头,对她而言那是一个侧颜杀。她排了很久的队,终于站在他的面前,勇敢地对他说:"我要交话费。"

他很惊讶,因为他还记得她:"你昨天刚办的卡……"

"是的,你帮我选的号。"她对他笑,把自己的号码牌给他。他看了一眼她的号码牌,什么也没有说,只是帮她处理了这笔业务。

她雀跃地走回了家,一路上都在想手机下一秒钟会不会响起来。她的号码牌正面写着"You're so cute",还画了一颗小爱心,背面是他昨天给她选的手机号码。

只是电话并没有响起,伊眉第三天起来以后在镜子前练习了一百遍如何看起来幽怨又不狰狞的表情以后再去找李先生。但是李先生的位置上坐了一个美女，她告诉伊眉李先生已经结束了营业厅的轮岗，回到了总部。

02

伊眉以为她和李先生只是一场邂逅，至少她曾经勇敢过。

可是有缘的人，终究还是会重逢，更何况在并不是很大的C城，哪怕时间久一些。

两年后的一天，伊眉加完班正准备回家，同事荷荷让她和自己一起去KTV，M公司有一个人在追求荷荷，请荷荷去唱歌。M公司是李先生所在的公司，那一瞬间伊眉突然想起了他，有那么百分之一的希望，他会来吗？

如果你连百分之一的想法都不曾有，那就百分之百不会发生什么故事。伊眉推门而入，闹哄哄的包厢中，她再一次看到了安静的李先生。他坐在最左侧的位置，面带微笑地看着一群男孩子喝酒、起哄、唱歌。伊眉走到他的面前向他招手，问他是否还记得她。他面露腼腆，沉静了两秒钟以后，突然点了点头。

她像个老友一样坐在他旁边。他们聊天儿，原来，他们曾经在同一所中学读书，虽然她只在那里待过六个月。她问他学校里那棵古老的银杏树还在吗，他说还在，有时间可以回去看看。

她看着他黑黑的瞳仁，很想问他是否可以陪她一起去，却还是没有勇气说出口。

那天以后，他们经常联系。有一次她问他："当年你为什么不给我打电话，是觉得我太主动了吗？"

他说:"并不是,我很欣赏你,只是我那时候有女朋友。"

伊眉曾经觉得和李先生在一起的希望越来越大。他们每天都会打电话、发短信,有时候还会一起吃饭,而且,在一起的时光,他们都很开心。她觉得他们会一直这样走下去,可是走着走着,突然碰到了冰川,被撞得两眼直冒金星。

虽然伊眉也觉得自己有自尊心,表白这件事情还是李先生来做比较好,可是如果必须有一个人先来,她主动提起也未尝不可。因为最开始动心的人是她,勇敢的事情做多了,也不在乎多做一件。那天她和他相约去看书,看完书他送我回家,她在楼下对他说:"喜欢你哦。"

她努力地像偶像剧里的女主角一样,让自己笑起来的时候眼睛像月牙一样弯。可是他却沉吟了一阵,退了一步,说:"对不起。"

她曾经想过为什么会这样,明明在一起很开心,明明联系得很频繁,明明就是按照男女朋友的套路在走,可她还是被拒绝了。

她是看着山顶爬的山,突然看到山顶没有了。

吃饭的时候、喝水的时候、睡觉的时候、工作的时候……很多时候她都会想,他在做什么呢,会想她吗?手机永远地安静了起来,似乎再也不会响起。很多时候,她都靠着墙壁站着,感到浑身冰凉。

有一个节假日伊眉收到了李先生的群发短信,真吝啬,短信都不舍得单独给她发。

是一条节日祝福的短信,而且最后的署名"晓晓"都没有删去。他突然激发了她发脾气的技能,她拨打了电话,对着他怒吼。因为她在努力地不喜欢他,但是她受不了这种不负责任不改编又没有任何意义并且不带祝福的节日群发短信。

他沉默了。

她很希望他会说些什么，哪怕是苍白的解释，可是他没有。

她把电话挂掉，似乎在太平洋的波涛之中，得到了一刻的安宁。她终于要遗忘他了，她终于把自己的面具揭掉了，她终于不用在他面前伪装了。

但是不知道安静了多久，手机的铃声让她回到了现实中。她看到他发来短信说，他在新疆，需要援疆两年。

突然之间她想哭又想笑，这就是他这么久以来不联系自己的理由吗？他是不相信顽强的她，还是不相信自己？

她走的每一步，都是那么勇敢。可是她从来也不后悔。

03

伊眉收到李先生的短信后，没有回复，也没有给他打电话。而是直接去了新疆找他，因为她认定他就是她的 Mr.Right。

坐了将近六个小时的飞机，才想起来，冲动如她，她竟然都不知道李先生在新疆的哪个城市。

伊眉在乌鲁木齐机场拨打李先生的电话，那么勇敢的她，打电话的时候手竟然在抖。长长的拨号音后，他的声音显得那么不真实，好像来自二十世纪。她"哇"的一声就哭了："我在乌鲁木齐，你在哪里，我来找你了。"

他被她吓到了，半晌才说："我在和田。"

只有到了新疆，才会知道祖国大地有多么辽阔。从乌鲁木齐坐火车去和田，一路上，旁边有个志愿者哥哥给她科普她才知道，和田在南疆，大部分是维吾尔族人，语言也是维吾尔语，最让她欲哭无泪的是，乌鲁木齐到和田，需要三十多个小时。

在火车上给李先生打电话的时候,疲惫饥饿已经把伊眉打击得完全没有了志气:"不管你喜不喜欢我,一定要收留我,我真的害怕啊!"

李先生笑了,他说:"我去接你。"

伊眉在和田火车站踌躇了很久,终于往外走。因为她觉得自己丑,披头散发没形象,她甚至好害怕李先生看到自己这副样子会掉头就走。

终于看到了李先生,他站在出站口,微笑地看着伊眉并向她招手。她终于按捺不住喜悦,朝他飞奔过去,不由分说地抱住了他。

她听到他的声音在耳边响起,温柔又真实:"别人都看着我们呢。"

"他们看不到我的脸。"她把脸埋藏在他怀中。

"给我看看。"

"也不可以。"

伊眉终于来到了李先生所在的城市。他在和田当老师,教一群维吾尔族的小孩子,看到他站在讲台上神采飞扬地讲课,她在心中暗暗赞赏他。谦谦君子,温润如玉,而且,他是自己的男朋友。

下课以后,她给他打水洗脸,问他:"为什么要来这里?"

"因为他们在这里。"他指着那些拥有灿烂笑容的孩子。原来,李先生很小的时候曾经在新疆生活,那时候他就在心中种下了一颗这样的种子。他们相逢以前,他就已经做了援疆的决定,也确定了学校,虽然他们有交集的日子让他有过动摇。

"所以,你就为了这一片小树苗,放弃了我这一棵树。这就是传说中的为了森林不要树木啊!"

她用水泼他。她在闹,他在笑。她想过很多次的情景终于真实地发生了，而且他的笑容那么真实、那么温暖。

他们的故事，就这么开始，也这么结束。后来并没有像一个童话，而是逐渐变得柴米油盐。他们像所有的异地恋人一样，扛过了辛苦的异地恋，最辛苦的时候，一个电话也没有，甚至生死未卜。最甜蜜的时候，在飞机场和火车站见面的第一秒钟，他们就接吻。

他们结束异地恋的那一天就去领证结婚了，没有戒指，没有鲜花。但是有彼此，足矣。

有时候伊眉也和李先生吵架，最常说的就是他给她发过的群发短信中的"晓晓"，一直想严刑逼供让他说出晓晓是谁。可是李先生说，他真不记得是哪一个，他只是觉得内容不错，就发给她了，恰好忘了删除署名。

伊眉不相信，因为她觉得李先生很腹黑。每次问不出来结果恨不得将他抓起来暴打一顿，不过又舍不得，因为他已经是她的人。终于有一次李先生说愿意给伊眉讲一个让她吃醋的关于初恋的故事。她心不甘，情不愿，但是好奇心又让她忍不住要听。

李先生说，十二岁的时候，他早上经常会在迟到铃声响起的时候看到一个女孩子准时出现并且以百米冲刺的速度跑到自己的教室，那个女孩子的脸，总是跑得红扑扑的，像一个红苹果。

她第一次和他说话，告诉他自己要办手机卡，他就在想，当年的红苹果长大了，她竟然在这里。

是的，原来你也在这里。

不是不念，只是不见

01

A城接连下了很多天的雨，整座城都淹了。

叶眉每天都很恼，恼雨不停，恼湿润的天气她鼻炎总是发作，恼潺潺的雨声中她回忆起了不该回忆的人。

那天她去上班，见到街边站了很多要打车的人。交通几乎瘫痪，线路也改得老司机们都不知道该怎么走，那个路口站了很多要坐车的人，有一个水坑积满了水。她照例打算不松油门冲过去，突然间她犹豫了一下，后面的那辆现代"啪"地按了下喇叭以示抗议。

她还是倒了回来，把车窗打开，问路边一个正在等车的男人："开开哥哥？"

对方狐疑地看了她几眼，终于流露出欣喜的表情，不知道是因为见着了人还是见着了车。

开开是叶眉的初恋。当然，他不知道，那时候她只有十三岁。他当时应该将近二十岁，在复读，准备高考。他们是普通的邻居关系，年龄间隔又大，青梅竹马都算不上。

记得他当时成绩不太好，而他父亲又是那个小县城的广电局局长,于是请了电视台唯一的女主播来给他讲课。他父亲原本打算,文化不行特长上,读个播音主持专业,回来继承他的衣钵也好。

可他父亲万万没有想到,自己的如意算盘会打空,开开好似偏离航线的飞机,又像出笼的小鸟、断线的风筝。总之,不再过之前那种被人控制的人生。

02

开开在叶眉的车上终于想起了她,说她变化很大,当时还是那么小的一个女孩儿,现在出落得如此漂亮。

久而不见的人,免不了那几句俗气的寒暄。随后两人都沉默了一阵,叶眉小心翼翼地试探道:"吴恋阿姨……"

开开本就似"川"字的眉头皱得更紧了。叶眉知道,自己把话题引到了雷区,但是她又似乎不得不提。

那是1993年,她去小城里唯一的澡堂洗澡。水汽缭绕中,到处都是裸体而又有赘肉的女人,光着膀子走来走去,她当时小,哪里也不敢看,还害羞。

突然听到一个女人在骂人,骂得很难听。待到那一阵水汽散去,叶眉感到有些尴尬——骂人的人,她认识;被骂的人,她也认识。

而且,她们都没有穿衣服。

骂人的长者就是开开的母亲雷姨,她背上有一大块伤痕,似是烫伤,也顾不得遮,扯着嗓子骂小格子间内正在洗澡的那个人。她骂得很难听,叶眉甚至不敢抬头去看被骂的那个人,只看到她膝盖以下,皮肤白皙细腻、肌肉匀称,叶眉忍不住往上看,除了胸部高耸,那张精致的脸全县人民都认识——吴恋。

叶眉也不知道吴恋为什么不扯上小帘子,只是由着雷姨去骂。她原本以为雷姨是骂吴恋勾引开开的父亲,后来听得有些傻眼,她一直觉得吴恋是比她大一辈的人,而开开和她是平辈。但是雷姨说,吴恋勾引了开开,和开开睡觉。

叶眉的世界有些坍塌,又不知道去哪里。她在水雾中站了很久,听着雷姨的谩骂,竟也忍不住把吴恋和开开纠缠的样子做了一些脑补。

围观的人越来越多,雷姨终究还是顾及脸面,先行离去。

还有人继续议论洗澡洗了很久的吴恋,骂她厚颜无耻,说她既然不拉上帘子,不如去隔壁的男澡堂……

吴恋似乎没听见那些难听的话一般,她慢慢悠悠地洗完,还细细地梳妆了一番,穿好衣服,提着装了洗浴用品的小篮子拂袖而去。

叶眉这才想起自己来澡堂的目的,赶紧走进吴恋刚待过的格子间洗澡,想起之前的那些风言风语,想拉上帘子,这才发现,这个格子间没有帘子……

03

后来那一阵,叶眉上学也心不在焉。每天晚上,她都会偷偷地去看开开有没有出门。她经常看到他穿着帽衫跑出去,后面有雷姨撕心裂肺的吼叫声。

有一次开开父亲林局把他打了一顿,打得非常狠,叶眉的父母都去劝架,雷姨哭得几乎昏厥,不停地喊:"开开,你说你再也不会了,再也不会了,告诉你爸爸呀!"

开开的背上已经皮开肉绽,但他就是皱着眉头,一言不发。

那就是叶眉印象中年轻的开开最后的样子。她也哭泣着掩着脸，不知道是替他疼还是替自己难受。

后来，开开就离开了家。

他和吴恋公开同居了。

那时候封闭的小县城，这几乎是头号新闻，无人不知，无人不晓，无人不议论。他们都笑说，吴恋这个妖艳的老处女，终是要吸干开开这个小童男。也有人说，吴恋十年前谈过恋爱，开开长得像她已经去世的那个男朋友……

04

后来有一天，吴恋和开开双双失踪了，没有人知道他们去了哪里。

叶眉也打听过几次，都杳无音信。小城里的人热情来得快也去得快，比起两个讨论过很久又失踪了的大活人，他们更愿意把时光抛洒在麻将上。

有人无意中在打麻将的时候说，吴恋带着开开私奔去了香港，大概想偷渡过去。因为她早已丧母，很早就离异的父亲在香港。

后来没过多久，南边传来消息，证明了打麻将的人说的是真的。开开还因为袭警被抓了起来，也不知道要关多久，还没有判刑，吴恋被遣返。

她怀孕了。

林局和雷姨一下子苍老了十岁，他们不停地去南边打点，无奈关系网出不了小县城。他们对吴恋深恶痛绝，总觉得若没有她，儿子还在他们跟前读着书，即使不前程似锦也可以平安幸福一生，不似现在，要坐牢。

吴恋的肚子越来越大，眼看着要临盆了。有一次夜里她走着路，突然摔了一跤，送进医院的时候就要生了。

她生了那个孩子，没出医院就把孩子送走了。吴恋也不肯说，孩子到底被她送到了哪里。其实也没人问她，林局与雷姨恨不得老死不见她才好，甚至不愿意相信那是他家的骨肉。

吴恋很快就恢复了身材，但是已经不做播音主持了。只看到她瘦削的身材，经常一个人早晨在满是落叶的街边骑着自行车去买菜。她喜欢系围巾，有时候风一刮，围巾和她的头发高高扬起。她偶尔会朝街边一笑，眼神里似有东西在流转。

叶眉再大一些，她家搬家了，她和父亲一起去了 A 城。她妈妈早就去了外婆家，再后来，妈妈带着偷生的弟弟到 A 城与她和父亲团聚。

她再也没有见过吴恋，更没想过有朝一日还能见到开开。

开开听到吴恋的名字，好似电击了一下，沉默了半晌，才喃喃地说："我知道，我知道……"

他当然会知道。

叶眉想，她都知道，他怎么会不知呢？

她记得中考后回到家中，听到父母在说，吴恋这一辈子太凄惨了。

她心里一沉，一般只有人死了，别人才会这么说，更何况对方是吴恋。

果然，吴恋后来几乎被停职，只是拿很少的生活费。一直有人给她做工作，要她离开。毕竟还和开开的父亲林局在一个单位，又是林局的眼中钉。

单位的工会主席一直希望吴恋可以调到其他地方，什么地方都好，肯定比现在强。

吴恋之前不管这些，她独自生活，哪怕清贫不堪。最爱漂亮的她，也只能日复一日地穿着旧衫。

也不知道她是不是一直想在原地等开开。

后来她终于想通了，有一天说准备去青海。她清晨骑着自行车去探望朋友，和她为数不多的几个朋友告别。但是那天下着雨，她的围巾卷入了自行车车轮，马路上又来了一辆大货车⋯⋯

据说她装了假脸才安葬，因为她的脸已经比原来长了五分之一。全县人民都知道，吴恋死了⋯⋯

没有人送她，最后，她孤零零地葬在公墓。

开开后来回来了，在A城谋生，娶妻生子，过着平常人的生活，直至那天遇到叶眉。

说起吴恋，他很不开心，甚至有些伤心，但是仅此而已。

毕竟，她是过去的人了。

开开在叶眉公司附近的一个工厂上班，他提前下车，拘谨地和叶眉说"谢谢，再见"，没留电话号码。

看来，他们都不想再见。

叶眉看着开开微微驼背走远的身影，拿出手机打算拨一个电话，最终她没有拨出去，伏在方向盘上哭了起来。

她突然觉得自己好辛苦，因为一直以来她都是知道的⋯⋯因为吴恋生孩子的那天晚上，她没有睡着，听到了父母小声地商量⋯⋯

她一直装作不知道，和弟弟相亲相爱。但那一刻她觉得自己要憋不住了，想与弟弟细细地说——我刚刚见到了你爸爸，并说起了你妈妈⋯⋯你今年已经二十三岁了，爸爸从来都没有找过你，哪怕就在同一座城市。而你妈妈，她只活到了三十一岁⋯⋯

愿你是别人的公主，也是自己的女王

PART 03

生活不是得偿所愿，
但你值得更好的

那个一直说她会孤寂老死的姑娘

01

第一次见冯七七,是在干洗店。我送了很多衣服去洗,老板娘在一件一件地给我数的时候,干洗店的门被推开,一个姑娘穿了件牛仔上衣,哆哆嗦嗦地走了进来,说道:"老板,我昨天送来的羽绒服洗了吗?没洗的话,能否还给我穿一天。明天……明天我再送来。"

我在旁边没忍住,差点儿笑岔气。

后来我在干洗店旁边的过桥米线店吃过桥米线,看到一个姑娘猛地喝了一口汤,然后被烫得要死要活、龇牙咧嘴。

那个姑娘还是冯七七。我们就这么认识了,成了朋友。刚认识她的时候,觉得她是一个特别戏剧化的人,很天真又很幽默,而且行踪诡异。我也不知道她是做什么工作的,似乎很清闲,经常睡到中午才起床,再出去觅食,或者去咖啡店喝咖啡、看书。别人说书非借不能读,她说她是非出钱不能读。她一个人住,家里清静,可非得到咖啡店看书。

我说:"或许,你是因为寂寞吧。"

她哈哈笑了起来，认为我在说一个笑话。

人在一个陌生的城市里，大概都会想要抱团取暖。我和七七都是来自小城的姑娘，独自在这里工作，有理想、有追求甚至还有梦想，又不想让别人知道我们的辛酸和努力。我们都有一种无所谓的态度，就是装作对什么都无所谓，觉得人生只要开心就好。因为我们拥有的，本来也不多。

我们从来不问对方的出身，甚至不问对方的职业。只是常常一起吃饭、看电影、喝咖啡、看书。有一天她告诉我说，她是记者。她当天做一个情感纠葛的专题，去看守所采访一个洗脚城的卖淫女，看守所需要填写一个与看护人关系的表格，七七想也没想就填个同事，后来才觉得填错了什么。

我大笑，问狱警有没有说"贵行现在真不挑"，她也大笑。我们经常相互讽刺，她长得不高，我常常笑她像一条小柯基。她则总是笑我的眼睛小，经常在我看书看得投入的时候问我怎么睡着了。

冯七七特别喜欢看电影。我们平时经常很毒舌地调侃对方，但是我从不评判她喜欢的电影和导演。每个人都有自己的底线。

她不想结婚。她是处女座，特别洁癖，不能容忍他人侵犯她的空间和时间。她每天都要读书、写字、看电影。和我这个矫情的小写手不同，她写字是在练字，她每天都在家里练习好几个小时的小篆。有一次我问她为什么这么努力地练字，她说退休以后可以出去卖自己写的字。我们都笑。

有一点我们相同，都是看起来无比乐观的悲观派。我们都有一颗悲天悯人的心，对未来没有信心，而且不觉得现世安稳，经常担心命运会将我们推向何处。有一点不同的是，冯七七很想安稳，但是她不确定能否安稳。而我又不确定自己要不要这种安稳，我很害怕自己是在温水里游泳。

有一阵子我在一个小传媒公司工作,叫了冯七七来做兼职。她和我是同事,我们一起搭档做编剧,给老板写小剧本。我们老板每天都给我们播放一些电影,然后就和我们说这个大师、那个大师,这时候冯七七的脸上就会露出一丝意味深长又明显是轻蔑的笑。我们经常相互看一眼,就露出"你懂的"的笑容,结果发现老板正看着我俩,我俩都对老板笑了。

我们常常嘲笑对方的现实与市侩,似乎以此来点醒对方不可以就此沉沦。

02

有一年春天连着下了特别长时间的雨,在天还没有晴的时候,我和冯七七共打一把伞去看书,她突然和我说,她要结婚了。

我当时的感受就是"说好一起到白头,你却偷偷焗了油",而且我们几乎每天都在一起吃饭、看书、玩耍,突然她说要结婚,我却完全不知情。

她又诡异地笑道:"新郎你认识的。"

我心里更是一大片阴影:"我总共认识多少男人啊?难道是我们那个小公司里的某个男同事?"

可是我们公司每个未婚男同事都被我们疯狂地吐槽过。我越想越不靠谱,冯七七这才说出一个名字。

我当时真是接近崩溃,这是什么世道!

她说的那个人,以前还和我在一间办公室。名字叫斌斌,听起来有些可爱,但是人并不可爱。他每天都穿一身橘黄色的衣服,胖胖的,戴着一副边框眼镜,感觉没有洗过头,头发总是油油的,整个人看上去也黏黏的。

据说他很有才华,走高晓松路线,喜欢诗与远方。他没事就喜欢随便搭乘一辆绿皮火车去旅行,走到哪里算哪里,左手一瓶矿泉水,右手一张地图。

他在单位也是神出鬼没,经常夜里加班赶进度,白天看不到人。所以七七要是不说,我几乎都忘了我还有过这么个同事。

可是七七和他是结哪门子婚呢?形式婚姻?

真是赶时髦啊!

七七和斌斌决定结婚后还挺嘚瑟。两个人都觉得那些年撒出去的份子钱可以收回来了,本来一直以为这是一种等到海枯石烂也等不回本钱的投资。两个人火速向家里汇报了对方的情况,双方家长竟然一致通过。

双方收入都还过得去,年纪又都不小了。似乎这个年纪家长对另一半的要求分别是男的、女的,共同要求就是活的。

他们打算婚后互不干涉,只要磨炼磨炼演技,在长辈那里不露出马脚就好。斌斌继续带着矿泉水和地图去寻找诗与远方,七七则每天深更半夜继续看她的电影,写小篆和我们都看不懂的影评。

更重要的是,他们统计了一下宾客名单,人超多啊!原来斌斌和七七漫长的单身狗时期分别撒出去过那么多份子钱,收回来有一种发横财的感觉。

只是百密一疏,他们去进行婚前财产公证,以防对方以后找到真爱要离婚怕产生纠纷的时候,突然接到家长的电话。不知道哪个环节出了问题,被识破了……

至今也不知道斌斌或者七七的爸妈是怎么练就的火眼金睛。总之他们被骂得很凶,然后就各回各家,各找各妈了。一切都恢复了本来的模样,除了有时候我们在公司食堂吃饭,斌斌走了过来,我会挤眉弄眼地对她说:"快看,你前夫……你前夫来了。"

我们又回归了平静的生活,但是我发誓,她和斌斌结不成婚绝对与我没有关系。我们每天继续一起吃喝玩乐、调侃对方,又在这个城市里一起搀扶行走,希望有一天,我们都可以各自驻足。

还记得你的那些"以前的朋友"吗

01

今天下了好大的雨,我在公司楼下遇到了乐乐。打过招呼后,我撑开伞,走了几步路一回头,看到乐乐还在抬头看着天空。

"没有带伞吗?"

"没有。"

"来吧。"

我们两个人挤在我那把小小的伞下边,大概一起走了两百米左右的路。我们一直没有说话,安静得尴尬。我们也曾努力找话题,却只是在天气和吃什么之间转换。

突然间我很难过。

乐乐是我"以前的朋友",我们并没有吵过架,只是慢慢地沉淀着,就把她踢出了我的朋友圈。而在同一把伞下,我们应该都想到了以前的日子。

刚进公司那会儿,我和乐乐年纪一样大,又在一个部门,几乎就是无话不谈的好朋友。我们经常一起去上厕所,被同事们笑话我们是"蕾丝边的连体婴"。后来我有了新朋友七七和赵小姐,也总是带着乐乐。每次下班了,我们就会一起唱着歌快乐地收拾东西,飞奔着去赴那些苍蝇馆子中我们的饭局。

我们每天见面都有说不完的话。但是不知道从什么时候起,每次乐乐说话,我们三个就会感到尴尬。

我和七七还有赵小姐都属于特别不会过日子的人,没有任何的理财意识。赵小姐每次吃饭都抢着埋单。乐乐喜欢教育我们,要学会理财,还向我们炫耀她工作后有多少存款。为什么我们天天一起吃喝玩乐她会有那么多存款?真相只有一个——她从不埋单。我们并不计较这个,计较的是她经常炫耀。我们一说话她就习惯性地说"不""不是这样""不对"等,等我们遭遇了挫折,她那些"不不不""我早就说过"的台词又粉墨登场。

对朋友进行否定、体现自己的优越感、朋友失意的时候马后炮、朋友得意的时候嘲讽或是给予"诤言",绝对是朋友之间相处的禁忌。

慢慢地,我们渐行渐远,到最后,我们仨干脆直接建了一个新的微信群,把她彻底踢出了我们的朋友圈。

02

七七有一个朋友叫小亮。她们是发小,在同一所小学、初中、高中毕业,然后七七考上了省内最好的大学,小亮考上了最好的大学隔壁的大专,但是也不影响她们的友谊。

在我刚认识七七的时候,也经常见到小亮。她那时在一家药店上班,经常来和我们一起吃饭还显得局促不安,说我们都是文化人,讨论的都是文化,她插不上嘴。不过这种担心很快就消除了,因为赵小姐脏话连篇很快把她拉回了我们几个只是女混混的现实。

后来过了三年，小亮成了药店的店长。

她膨胀了。有一次酒足饭饱后，她竟然当着我们的面教训还是记者的七七。她说："七七，你做记者三年了吧，为什么你还是没有提高、没有长进？你必须反思反思自己，你是否适合这份工作，这份工作给你带来了什么？"

我和赵小姐面面相觑三秒钟后，还没有搞清楚什么状况，然后赵小姐马上扯着嗓子吼了起来："小亮你有病啊！你那个小破药店就那么几个人，你还算读过大学的，私人老板给你升任个店长有什么了不起的！七七的工作和你的工作完全就不是一个属性的。"

刚刚还在当"人生导师"的小亮突然受不了了，觉得我们看不起她，最后不欢而散。

大概一个月以后，我们看到七七的朋友圈不停地卖麻辣食品，嘲笑她成了微商。她告诉我们，小亮已经被老板开除了，没有工作，是她在做微商，总是要求她转发，她不好意思拒绝，虽然她也觉得很烦。

现在小亮还是时不时地来七七家，每次她说要来，七七的表情就会明显地晴转多云。

小亮还不知道，交情再久，最后也敌不过不同的价值观。朋友不是用来显摆的，也不是用来利用的。真正的朋友就是一起犯傻，哪怕你已经变得很优秀了，但是在朋友的眼里，你还是当年的那个小傻子。

03

我以前还有一个朋友叫小西,小西是我的初中同学,当时我们的关系也很好。随后,我们进入了不同的高中,渐渐就失去了联系。

工作以后,偶然一次我竟然在本地报纸上看到法院的进人公告中有小西的名字。我打了电话给"114",然后还打到法院政治部问到了小西办公室的电话,终于找到了小西。

好像是历尽千辛万苦,终于找回了一个朋友。

好开心,我们看起来也都没有什么变化,和多年前一样。而且在同一个城市中有一个知根知底的朋友,不会那么孤单。

小西来过我家,给我做饭吃;三伏天她买房,我陪着她去看房子、看装修建材,两个人都要变成热狗。在装修建材市场门外的小卖部我们买到了初中时就吃过的绿豆冰棒,我们特别开心,聊了好多以前的事情,还发现我们暗恋过同一个男生,原来我们曾经还是情敌。

现在,我和小西还在同一座城市,我们公司和她们法院相隔的直线距离不到两千米。

可是我和小西又恢复到了失去联系的时候。

我们变成了以前的同学,也是以前的朋友。

好像什么也没有发生过,就是变懒了。不知道从什么时候起,觉得彼此事情很多,就懒得联系了。我在她朋友圈中看到她买房装修完毕以后搬进去了,结婚了,还生了孩子。

即使看到了，我也只是默默点个赞，就这么成了点赞之交。

还有很多人都变成了"以前的朋友"，并没有过多的理由，就是时间。

可是再认真地想一想，并不仅仅是因为时间，主要是因为懒。

懒得联系、懒得分享、懒得见面，懒得在他朋友圈中评论，懒得打个电话、发个微信。慢慢地，因为懒惰，就变成了"以前的朋友"；因为懒惰，对朋友的现状一无所知，连朋友过得好不好都不知道，还是什么朋友？

04

其实对于我这种性格不太好、懒惰，平时毒舌还任性的怪人来说，有朋友也是一件比较稀奇的事情。

但是我真的有朋友。除了每天一起混吃混喝的小伙伴，还有很多人，比如神交超过十年的女网友；还有即使现在工作很忙，但是天天都转发我的文章、推荐我的微信公众号的大学同学；甚至是某次独自旅行中，邂逅的旅伴等。

我昨天早上没有起来写文章，昨天的文章是中午没有去吃饭用午餐时间写的。因为前天我看书看到了很晚，然后竟然看得哭了起来。

我看的那本书是一个男孩子写的，他说他刚开始写文章的时候，特别孤独。当时只有一个神交已久的女孩子，一直都在博客上看他的文章，而且很认真，每天都给他留言，向他提出意见、反馈等。五年以后，这个有才气并且勤奋的男孩子成了作家，他出了很多本书，并且在一个又一个城市进行签售活动，每次都会来很多很多人。但是，他找不到她了。

回过头来他想找到她——他的第一个读者，也是他心中认定的朋友。但是他再怎么找，也找不到她了，只有那些留言还在。

我看到那里突然把书合上，像电影里一样，让眼泪肆意地流。有时候我也觉得自己是一个坚持着的傻子，但是为什么有人对傻子这么好。我的每篇文章你们都看，给我评论、留言，支持我，给我意见和反馈，还不厌其烦地在朋友圈刷屏帮我转发文章。

我真的觉得有人陪伴是一件很幸福的事情，现在我每天即使很早起来，还是没有时间再替杂志写稿或者写很多的稿子给那些影响力很大的公众号投稿。我几乎专心地在这里絮絮叨叨，和你们分享我想说的话，但我还是感觉这样很好。因为你们每天都会来看。我没有其他的本事，只希望在你们难过或不堪一击的时候，我可以陪着你们。我们永远也不要变成"以前的朋友"。

不管时隔多少年，纵然隔着万水千山，我们一直都是朋友。

与其等待暖男,不如先学会暖人

01

单位新来了一个实习生小陆,长得白净,为人勤快又细心。平时到得很早,到办公室倒了垃圾后,还给办公室每个人都洗茶杯。

昨天我的耳钉掉了,我这个五百度的高度近视找了很久都没有找到,小陆马上趴在地上在柜子下面帮我找了出来,并且用湿巾擦拭了耳钉,再还给我。

我真心感激他:"小陆,你真是个暖男。"

却没想到他闻之色变:"老师,我做错了什么,你要这么骂我。"

我什么也没有说啊,除了由衷地感叹他是暖男。

他说现在暖男被黑得很惨,特别是范湉湉放话"暖男是男人中的绿茶婊"以后,就像鸡汤等于废话、情怀等于做作、好人等于表白被拒一样,暖男已经成为阴柔、猥琐、备胎等的代名词。

怪不得我们小陆急于澄清:"我不是暖男。"

02

作家冯唐写过一篇文章——《自己穿暖和才是真暖》，文中说：如果把暖男当成最亲近的男性朋友，他们成事不足，败事有余。的确，他们总是安慰，但是很少缓解，从不治愈，他们长期的作用往往是把你坠得越来越低，让你成为更差的你。

渴望暖男，渴望被温柔相待，应该是很多女人都曾有过的幻想。民国女作家萧红，一生都渴望"有情"，为了爱可以付出一切，可是终其一生，虽然与五个男人有过感情纠葛，却一直没有找到那个专属她的暖男。总是怀着前任的孩子跟后任走，然后一次又一次掉进家暴的旋涡中，最后孤苦离世。

萧红想要的多吗？不多，她只是想要一个暖男。为什么她遇不到？

因为她自己不够暖。把期望寄托在别人身上，期望就容易变成失望。

女人要自强，要有不容易生病的身体、够用的收入、养心的爱好、强大的小宇宙。

人人网上曾经有一篇很火的日志，就叫《暖男》，提到男人提醒女人穿袜子、老公给老婆备毛巾包裹她之类的桥段。很多暖男，就是会给女生系鞋带、洗袜子、喂饭、无限耐心地哄等。

但是，他可以给一个人送温暖，也可以给很多人送温暖，那暖有可能是他的属性，甚至是他伪装出来的，并不专属于某一个人。

身处暖的环境中，不会觉得暖不真实，但是暖消失后的冷，却真真切切可以体会到。

　　再想想,你确定自己不会穿袜子、备毛巾、系鞋带、洗袜子甚至是吃饭吗?

　　你需要那份暖吗?并不是说每个女孩儿都要成为凡事都自己动手的女汉子,但是,你更应该成为一个拿着指南针就能找到路,跟别人一起就能把房子建起来的人。

　　这样,你能被人温暖,也不会害怕孤冷。

你的小确幸,终将变成大欢喜

01

同事小董今天早上被骂得超级惨,从分管副总李总办公室出来,她几乎要哭死。出于同情,我还是去安慰她了,假装不知道发生了什么似的问她:"怎么了?"

"他说自己招了个钉子,每天钉在办公室。说我再这样下去,他就开除我。"小董的话匣子彻底被打开,一把鼻涕一把泪地向我诉说她的血泪史。

小董这个姑娘,就是一个时下流行的"爱生活,懂享受"的小资姑娘,她每天都希望自己能够收获一些"小确幸"。其实当初招她进来的时候我全程参与了,觉得这个姑娘名校毕业、各证齐全,看起来挺优秀的,公司也对她寄予厚望。刚进来就让她做业务,希望她可以快速地全面成长。

结果呢,虽然李总骂得难听,可是人家说的是事实。小董作为一个初级业务员,每天不出去见客户、跑业务,天天待在办公室,手捧一杯茶或者咖啡,还在办公桌上摆放了不少多肉植物以及一个小鱼缸,里面还养了一只小乌龟,上班的时候经常看到她在看植物、看乌龟，思考人生。

我想，没有哪家公司愿意招个全职思考人生的人。

"姐，我这个人没有什么大志向。我就希望自己每天都有随时可能发生的小幸福，我想吃肉的时候就能吃到肉，我想睡觉的时候可以立马躺下就睡，每天早上有人给我一个笑脸，逛街遇到自己心仪的商品……姐，我贪心吗？"

小董一脸祈求地看着我，我见犹怜，可我还是要告诉她："小董，我们现在在上班，你想翘班去吃肉？我昨天晚上加班到深夜两点才回家，睡了不到三个小时，现在困死了，难道我就在办公室睡觉？我也想每天早上都看到一个笑脸，可是一来办公室就看到甲方那个臭脸，我还得对她摆笑脸呢。明确告诉你，如果你继续像现在这样过，你除了会很难得到小确幸，还会每天活得很糟心，连感受小确幸的时间都没有。"

02

刚认识朋友杰西卡的时候，以为她是一个"白富美"，穿着时尚、妆容精致，在一家大公司做人力资源。很会享受生活，没事的时候就坐飞机去某个海岛晒太阳。

直到有一次过年的时候，我在线呼唤杰西卡出来逛街、喝咖啡，她给我拍了一张照片，说："杰西卡现在是翠花，在老家。"我才惊讶地看到，她老家竟然在一个特别偏僻的小山村。

后来我才知道，杰西卡幼年丧母，父亲性格内向，以前家里一直住土房。大一的时候她第一次走出山沟沟，才知道原来女孩子洗脸是要用洗面奶的，洗完还要涂乳液。寝室有同学告诉她，女孩子要多吃水果才能皮肤好,这个她倒是知道。可是她饭菜钱都不够,哪里还有钱买水果呢?

但是杰西卡并没有自怨自怜,给自己贴上"贫二代"的标签,觉得备受歧视等。大三的时候,她已经和寝室的姑娘过的日子差不多了。偶尔出门奢侈一次,水果每天都吃,能正确认识上百种瓶瓶罐罐的护肤品。虽然买的衣服还是比较便宜,但也开始学习搭配。

她怎么完成这些转变的?杰西卡说,并没有什么好说的——贷款、兼职、奖学金。

为什么杰西卡不想说呢?因为艰辛。做兼职每天打三百个电话,打了三天拿到两百多元钱,杰西卡不想哭?熬夜复习,杰西卡不觉得辛苦?整天盘算着什么时候要还贷款、该怎么还,杰西卡不会累?

但是她一边这么做,一边感觉欢喜。读书的时候能养活自己,上班难道会饿死?杰西卡上班以后凭借自己出色的工作能力一再升职,年底奖金六位数,成为名副其实的"白富美"。她还出钱给家里砌了房子,让年迈的爸爸老有所依,自己收获了大欢喜之后,也开始慢悠悠地享受各种不期而遇的小确幸。

小确幸没人不喜欢,可是,小确幸大多都是别人给的,或许是一些运气。只有大欢喜,才是自己挣来的,而在你挣来大欢喜的过程中,你一定能偶遇你的小确幸。

03

什么是小确幸?

小确幸出自作家村上春树的随笔,微小而确实的幸福。小确幸的感觉在于"小",每一种小确幸持续的时间在三秒钟至一整天不等。

比如说，摸摸口袋，发现居然有钱；电话响了，拿起听筒发现是刚才想念的人；你打算买的东西恰好降价了；完美地磕开了一个鸡蛋；吃妈妈做的炒鸡蛋；排队时，你所在的队动得最快；自己一直想买的东西很贵，偶然的一天你在小摊儿上买到便宜的了；运动完后，喝到冰镇透了的饮料——是的，就是它……它们是生活中小小的幸运与快乐，是流淌在生活的每个瞬间且稍纵即逝的美好，是内心的宽容与满足，是对人生的感恩和珍惜。

我二十五岁的时候，像很多年轻的女孩子一样，觉得人生中一定要来一次说走就走的旅行，于是我裸辞去旅行。

旅行的路途很愉快，收获了数不清的小确幸，在凤凰遇到一个精灵一样的女孩儿，成为一生挚友；在长沙排队买黑色经典臭豆腐，一个帅气的男生多买了一份随手送给我；在广州酒吧听到特别好听的驻唱歌手唱歌，给他鼓掌看到他抛给我一个飞吻；在珠海如画的情人路上漫步，捡到一个钱包等。

但是即便我收获了这些小确幸，依旧还是要回家，还要继续找工作。

而且回来后我穷困潦倒，找工作又不顺利，屡屡受挫。有时清晨出门，天蒙蒙亮，自己觉得困得不行，感叹人生不易，但是看到路上，卖早餐的、赶路的，早已经忙碌起来。才发现，这个世界上，太多的人不容易，太多的人在奋斗。而我，也陷入了一种恐惧加自怜自怨的情绪怪圈中，根本不再有心思去追寻所谓的小确幸。

连饭都快吃不上了，还找什么小确幸！

我承认，如果生活中连小小的快乐都没有，生活一定会暗淡无光并且索然无味。而大欢喜，每个人的定位都不一样，我个人认为不是一定要腰缠万贯、万人景仰才是大欢喜，大欢喜应当是你付出了努力后得到了该得到的认可。你努力学习，高考考上了自己理想的大学；你认真工作，得到了一份丰厚的收入；你爱一个人，最后可以和他喜结连理等。

你有明确的目标和理想，你一直为之努力并最终实现了它，不是为了回应某个人的期待，而是为了静候你自己内心的花开。其实，大欢喜与小确幸无论少了哪一样，我们的人生都不会完整。但是我相信，只有努力以后沉静下来的人，才能听到内心的花开；只有在实现你大欢喜的路上，才能偶遇属于你的小确幸。

对不起，你是我弹断的那根弦

01

　　大二的时候，苏小意每周三都要在下午最后一节课翘课去做家教。

　　苏小意辅导的那个女孩儿叫津津，比苏小意小三岁。有时候苏小意也会想，人啊，真是命运各有安排。苏小意从十七岁开始，就没有再向家里要过一分钱。大二刚开学的时候，苏小意在打工的餐厅被一个顾客投诉了，因为苏小意端盘子的时候不小心洒了一点儿番茄酱在那位顾客昂贵的连衣裙上。那位顾客大声地训斥苏小意，苏小意一声不吭，心里对她没有任何厌恶，苏小意只是在想，如果要赔这条裙子，自己的学费就攒不齐了，她可能就要辍学了。

　　就在那一刻，苏小意突然接到了津津爸爸的电话，他在网上看了苏小意的信息，让苏小意去给津津做家教。

　　苏小意第一次去津津家的时候，有了不适的情绪，那是自卑加嫉妒。

　　津津家在一个高档的别墅小区里。苏小意被一个保安拦住，他要看她的身份证，还要登记，最后还观察了她很久，似乎她就不该来这种地方。整个小区就像是连绵的城堡,苏小意走了很久才走到津津的家,她家里并没有装潢得金碧辉煌,但有着古香古色又很洋气的味道。

"你家里真美,这是什么装修风格啊?"在补课的间隙,苏小意忍不住问津津。

"好像是美式田园吧,我也不太关心。"津津沉思着,咬着笔头继续做题。苏小意透过津津家的橱窗,看到一面大的落地窗。窗户那儿有她们的影子,自卑突然衍生出一种强烈的自尊,苏小意默默地把自己和津津放在一起比较。苏小意比津津高、比津津瘦、比津津白,苏小意应该比津津漂亮,可是苏小意依旧像个丫鬟,坐在公主的旁边。

因为苏小意没有钱。津津就算坐在那里静静地不说一句话,也可以看得出她没有自卑。

苏小意又痛恨自己的这种比较,因为津津的爸爸是自己的恩人,津津是自己的贵人。津津成绩其实不错,随便考个"211"或"985"吧,按理说,她可以不用请家教。可是苏小意给她上了一次课以后,儒雅的陈叔叔问她觉得怎么样,她说觉得这个姐姐不错。

陈叔叔和苏小意签了一年的合约,先付了半年的钱。苏小意觉得自己得到了一笔巨款。

苏小意没有像那种勤工俭学的孩子一样,得到一大笔钱就去给自己买了一本书或者给家人买礼物。她贪婪地走到了本市最大的百货商场,给自己买了一支口红。她这样的人,其实真的讨厌自己的贫穷与勤奋。她真不想当个灰头土脸的打工妹、穷学生,只是她没有选择。

02

苏小意每周三都去给津津补课，说是补课，其实算是陪读。津津做作业的时候，苏小意就坐在一旁看看书，津津不会做的题目，苏小意就给她讲讲，然后帮她检查一下作业。苏小意常常看书时肚子不成器地"咕咕"叫，津津的妈妈太棒了，她可以从烤箱里端出一盘又一盘的美味佳肴。

津津的爸爸经常坐在沙发上看报纸。有一次苏小意瞄了一眼，看到他在看英文报纸。他们每次都会留苏小意吃饭，而且会假装没有注意到她吃了很多。他们吃饭的时候都不说话，吃饭也没有声音。

有一次苏小意盛饭的时候突然流眼泪了。她想起了自己的家，她家里吃饭的时候总是吵吵闹闹的，继母经常摔筷子，爸爸经常打继母一巴掌，她和同父异母的弟弟也都经常被骂。

津津应该都不会懂，天下还有苏小意这样的家庭。这世上人的贫穷与愤怒，总是不为这些富裕而有修养的人所知，如同白天不懂夜的黑。

"你想考什么大学？"有一次津津休息的时候，苏小意问她。

"学医，我想当麻醉师。"津津说，曾经有一个亲人，去世的时候很痛苦，所以她从那个时候起就立誓学医。

苏小意不语，想起在自己五岁时去世的母亲。母亲得的急症，在村子里过世的时候没有人可以帮她治病也没有人可以帮她止痛，她就是以痛苦难受的姿势走的。

津津高考以后，苏小意完成了自己的使命。因为津津，苏小意过上了一年吃喝不愁的好日子。但是津津不知道,苏小意一直在心里偷偷地嫉妒着她,虽然她那么善良。苏小意也知道,这样不好。

苏小意最后一次去津津家,是去拿另一半的家教费。陈叔叔多给了她一些,她厚着脸皮接了。她还是用多出来的钱,给家里人买了一些东西。爸爸不心疼她,后妈心里没有她,可她只有他们。

苏小意的爸爸收到东西后,竟然给苏小意打了个电话。电话里,他也没有向苏小意多要钱。

结束了这一笔大单,不再有这么好命,为了把大学读完,苏小意要继续去打工,有一次苏小意在必胜客端盘子的时候,有个姑娘突然对她说:"姐。"

那一瞬间苏小意愣住了。那个姑娘是津津,她长大了,不再是那个只会咬笔头的小女孩儿了,她留起了长发、穿上了裙子,她的旁边,还有一个男生。

"这是我姐,他叫世安。"

苏小意和他们打了招呼以后就匆匆告别,店长不喜欢他们遇见熟人。而且苏小意很难受,人家两个神仙谈恋爱,她觉得自己这个妖怪还是不要站在一旁的好。世安一看就是津津那样的女孩子才会有的男朋友,长得帅、家境好,而且有内涵。那是一级水中的鱼,像苏小意这样的人,会永远都在三级水中游吧,永远也遇不到。

03

元旦假期的时候,津津给苏小意打电话,说她爸妈希望苏小意去她家吃饭。

津津犯了她该犯的错误,苏小意也犯了自己会犯的错误。那一次世安也在。原来苏小意和世安在同一所大学,并且吃完饭后津津让世安送苏小意回去。

他们都喝了一些红酒,苏小意对世安说:"没想到你竟然是我师兄,可我好像没见过你啊!"

世安笑了,他说:"我见过你,你上大一的时候,跑到我们宿舍说要领毛毯。"

他这么一说苏小意突然想了起来,她大一的时候住在一楼,是研究生宿舍。有一次宿舍管理员在窗户上挂了块小黑板说"请研究生新生到105室领毛毯",苏小意自动忽略了"研究生"三个字,傻乎乎地跑去领毛毯,一个师兄在洗手,他疑惑地问苏小意:"你是研究生吗?"

其实那时候苏小意还和宿舍的同学说过,这个师兄真帅。可是她竟然忘记了他的脸,竟然重逢的时候也没认出他。

三个月后,苏小意带世安回了老家,他已经成了她的男朋友。

可是苏小意的爸爸当着世安的面扇了她一巴掌,他说:"我浑蛋!以为你有出息,好歹上了大学,没想到你比我还浑蛋!"

世安拦住他:"伯父,我和她谈恋爱不犯法啊,是我主动追她的。"

苏小意的爸爸像是突然苍老了,从一个农村糙汉子变成了一个老头儿。面对气宇轩昂的世安,他丢掉了手里的烟,垂着头,也不再打苏小意,只是哆嗦着说:"这就是作孽,作的什么孽!"后妈在角落里与苏小意弟媳窃窃私语,苏小意仿佛也猜到了这样的结局,只是她一直不愿意相信。

津津就是苏小意的妹妹。津津三岁、苏小意五岁的时候,她们的妈妈得急病去世了。幼小的她们都记得妈妈痛苦走的模样却不记得彼此,她们曾经是最亲近的人。妈妈怀津津的时候,都是抱着苏小意,她们只隔着一张肚皮。津津出生以后,她们一起享受过母爱,也曾一起嬉戏。据说陈叔叔他们决定领养的时候，最初是想领养苏小意，可是她太大了，能记住的太多，他们权衡以后领养了津津。

是陈叔叔主动联系了苏小意的爸爸，才有了苏小意当家教的机会。

谁也想不到，可以改变现实的除了命运，还有可怕的嫉妒心。

回到学校以后，苏小意无法再面对世安。她不知道自己是出于嫉妒还是真的爱他，无法区分。他哭了很久，可她还是要与他告别。听说津津出国了，陈叔叔和阿姨不愿意再看到苏小意——这个毁了一切的女孩儿。

苏小意重新去找那些琐碎又累而且赚不到钱的工作，只有累才能让她麻木。

苏小意再也无法与世安和津津相见。去年深夜，她突然很想看电影，去看了《七月与安生》，午夜的电影院，她一个人吃着爆米花，泪流满面。如果还可以选择，苏小意真希望继续做津津的姐姐。这一次苏小意一定会用心地爱护她、保护她，尽自己所能。

把兴趣作为职业,是不是可以更快乐

01

朋友敏敏二十七岁以前,是一个乖乖女。大学毕业后,她考上了家乡的公务员,在税务局上班。

有一天,敏敏突然心生厌恶,觉得厌烦了一成不变的生活,讨厌等着养老的生活模式,于是考了雅思,去英国留学了。那一年她二十七岁。

三十岁的时候,敏敏毕业了,找了一份她超级喜欢的用脚丈量地球的工作——她成了一个旅行撰稿人。她每次发朋友圈,不是在伦敦喂鸽子,就是在南极看极光。

我们都非常羡慕她,觉得她一定很快乐,因为她做的是自己喜欢的事情。

但是,励志的故事最终变得暗黑。

最近她辞职了,是一场说辞就辞的裸辞。大概有三个月了,她又回到了自己的家乡,像二十七岁以前一样,除了不工作。

她每天就在家看电视剧、玩游戏、健身、啃老。

这是为什么呢?

敏敏说,自己很迷茫,曾有一腔热情,特别是找到工作以后,但是慢慢地,感觉火焰被熄灭了,甚至觉得自己都没有了爱好。曾经,她喜欢旅行、喜欢写字、喜欢在路上,刚工作时也觉得自己赚大了,每天都有一种别人出钱请她玩的感觉。

但是慢慢地,她发现自己对喜欢的事情越来越没有兴趣,变得越来越应付。

因为是工作,经常有甲方,就有了一大堆的"必要条件"。兴趣一旦沾染了物质,就感觉兴趣不再是兴趣。

只要是工作,就会有很多强制人的地方,而兴趣,则是自身选择崇尚自由的东西。

02

好利来蛋糕店的总裁罗红虽然卖蛋糕赚了很多钱,但他最大的爱好是摄影。他几乎每年都要抽出一点儿时间外出摄影。他去的地方,在早些年里,主要是中国西部。2004 年,罗红对自己的摄影作品进行了梳理,并将其中的代表作品编辑成 DVD《大地的呼唤——罗红西部风光摄影作品》公开发行。

虽然公开发行,不过你会去买这个最爱摄影的蛋糕店老板的摄影作品吗?至少我是不会。

于是罗红为了找存在感,经常把自己的摄影作品放到蛋糕店免费送给客户。

虽然我们都承认他是摄影技术很棒的蛋糕店老板,但他的工作重心还是在蛋糕店,他至今依旧在老老实实地卖着蛋糕。

摄影,只是作为他的一个兴趣,休息的时间玩玩。

03

很长一段时间,我都混得很不好,而身边一帆风顺的人又比较多。在一种自责与自卑的情绪中,我很不开心地长成了一个学渣与失败者。我不愿意承认自己懒与笨,就说自己志不在此,不感兴趣。

我毕业于医科大学,但是五年寒窗后,我却任性地摒弃专业,只是按照自己的兴趣,选择做了一名记者。

曾经认为,我的理想就是做一名记者。这是我最感兴趣的职业,也是我内心的一个遗憾。

后来我成了电视台的一名民生记者,做情感节目编导,那时的收视热点就是情感纠纷,我一个单身妹,每天带着正房或者第三者去找她们的老公……

有时候他们会打起来,我在旁边都不可以阻拦,因为我们的节目需要"现场"……

每次写稿,也有一堆的注意事项和必要条件,纵然我心知肚明,那些东西必不可少,毕竟节目不是我看看就好。只是久而久之,我对创作的热情越来越淡,每次写稿都是拖到最后一刻。

我依旧喜欢记者这个职业,我承认自己一直在做着感兴趣的事情,但再也不敢说热爱了。

04

有一句话说,世界上最美好的事,一是和心爱的人结婚;二是把自己喜欢的事当工作。但是我并不认同。

人生幸事当是与心爱的人结婚后,时光流逝,爱意不减;把自己喜欢的事当工作,不忘初心,一直兴趣盎然。

你可以把钱花在你的兴趣上,并且花得开心、心甘情愿,但是如果利用兴趣赚钱,甚至谋生,就会觉得兴趣变得很无奈。

做了三年记者以后,我选择了离开。现在从事着一份谈不上喜欢,但也不讨厌的工作。但是与当记者的时候相比,我勤快了太多。我现在每天孜孜不倦地写文章,甚至改掉了我的晚睡强迫症和起床拖延症。怎么做到的?因为喜欢,因为兴趣所在。

我喜欢写作。但写作不是我的生计,而且当我不依赖这支笔生活的时候,我手中的那支笔没有受委屈,从而变得更有灵性。

成功的人之所以成功,并不是因为他们将自己的兴趣爱好当成工作。而是因为他们有突出的能力,他们敬业地工作,热忱而认真地面对每一件事情。

巴菲特曾经评价比尔·盖茨,说他即使去卖热狗,也会成为世界热狗王。

我希望大家都可以做自己喜欢的工作,但是这个喜欢,不要完全和你的兴趣重合。

你的兴趣很单纯,请好好保护它,就像保护自己心爱的人一样,一辈子热爱。

要做一个上班时专心工作，下班后还有乐子可找的人。即使工作疲倦，下班后也有自己喜欢的事情可做。

最热爱音乐的人不在舞台，在流浪；最热爱写作的人没在写书，在走路。

"让我们忠于理想，让我们面对现实。"

从前不回头,往后不将就

01

几年前找工作的时候,年少无知的我应聘过一个看起来就不怎么样的小公司。当时心里想,虽然看起来很不怎么样,但是招聘要求却不低,应该会有它的独特之处吧!

后来过五关、斩六将,我见到了他们的老大。对方漫无边际地和我聊了一阵人生与理想后,终于步入主题谈薪酬。

薪酬也不怎么样,但是他邪魅一笑,对我说:"我们公司的工资含金量很高。"

"此话怎讲?"我心中一动,心想难道会发美元?

"我们公司有员工宿舍、食堂,而且经常晚上开会、加班,平时需要穿工作服,让你都没有时间出去花钱,你赚的钱可以统统留着。"

我马上礼貌地对他说:"好的,我回去考虑一下。"

可是对方纠缠不休要我立刻回复他,最好是当场签约。这让我有一种不适感,感觉明明对追求我的人发了一张"好人卡",他却依旧缠着我。

最后我只好直接明了地拒绝他，短暂的尴尬气氛后，我离开了。

走到外面的走廊上，我深吸一口气，贪婪地望着天空。很想告诉屋里的那位，还有一个单位和贵公司差不多，包吃、包住、包穿，而且更没有花钱的机会，还是个"国"字头的机关单位——那就是监狱。

我来到这个世界上开始自己挣钱，为的就是出去潇洒一番啊！

02

我从自食其力起就被人诟病爱花钱。我确实热衷于各种挥霍钱财的行为，而且下手快、准、狠。

可是，我一没被人包养；二没啃老；三没花别人家的钱，凭什么不可以？

每个人来到这个世界上的目的都不一样，我就是喜欢花花世界的物质，最讨厌做的事情就是虐待自己。

现在有个同事叫楚楚，平时习惯算计，常挂在嘴边的词语就是"性价比"。用她自己的话说就是——挣钱不易，每一分钱都要花在刀刃上。

楚楚用一天的时间去逛街，看中了一条裙子，觉得太贵，又想会不会买了就打折？犹豫来犹豫去，最后没买，转眼去买了一条没那么喜欢但是打折了的裙子。但是买了新裙子她依旧不开心，因为不甘心。待她想通了再去买那条自己一眼就看中了的裙子，也常常没有了适合她尺码的或者直接已经下架了。

楚楚也经常想去旅游，但是她一直在看机票，就想等机票打折力度最大的那天出行。每天都看到她拿着手机查看机票的价格，最后没有出行,因为她错过了今年的最低价,然后觉得不值得,于是明年再说。

明明很想去吃好吃的、看电影,楚楚也会比一比、算一算,没买到最低价就不愿意下手。最后这些明明可以实现的小心愿常常不了了之。

而且楚楚喜欢消灭我们的快乐。我们买了新衣服回来,正在高兴,她会说,感觉不值这么多钱。气氛瞬间尴尬。

前一阵子楚楚的公公住院了,婆婆去照顾公公,楚楚三岁的孩子没人照看,她把孩子放在邻居家,每天自己还迟到早退地去接送孩子。我们都建议她将孩子送到幼儿园,但是她觉得不划算,因为不是月初,已经过了几天,却要出整月的钱。

最后楚楚因为上班心不在焉而犯了大错,被扣罚绩效,而且给领导留下了很不好的印象。更惨的是,她的孩子在邻居家很不习惯,还生病了,去医院住院,开销远远大过送到幼儿园。在这个过程中,又因为各种各样的琐事,楚楚还和公公、婆婆、老公都发生了矛盾。

我知道楚楚的经济条件不好,所以她才这么算计。但我只是觉得,在她经济能力允许的条件下,她也没有给自己最好的。太纠结、太舍不得。

有一次中午加班的时候,我看到她累得坐在凳子上睡着了。二十九岁的她,脸上布满了细纹,而且眉头因为经常皱着竟然睡着了也无法平展,像两条扭曲的毛毛虫。

再看看旁边几个四十岁以上的女同事,平时没事就敷面膜、做美容、逛街,个个保养得精致而又精神饱满。

大家出来工作,都是为了挣钱,我们没有谁富裕得把工作当成消遣。可是每天活得那么纠结、计较、不舒心,又是何苦呢?

03

  我爱花钱。但是花钱也要有花钱的原则，花自己挣的理所应当的钱，不拼爹、不啃老，更不傍大款。这样花钱才率性而帅气。

  如果你身边有个爱花钱的女生，一定要珍惜她。因为——

  爱花钱的女生都比较漂亮。你以为钱随随便便就能花出去？爱买衣服、爱置办行头的前提条件是得有像衣架子一样的身材，穿什么都好看。我有一个胖胖的朋友很少买衣服，虽然她经常逛街，她也曾和我说，她要是瘦下来，能买到倾家荡产。

  爱花钱的女生都爱学习。全方位地会花钱不容易啊！以护肤、彩妆为例，要识得几百种瓶瓶罐罐的正确功效，还要掌握各种不同的用法并正确操作。要常常去论坛学习如何穿搭、培养品位，更要第一时间掌握资讯，得知某个牌子又出了哪款新包包，哪家又有一款鞋子可以来搭配。今季的潮流是什么，随时跟得上时代的节拍。

  爱花钱的女生都热爱生活。只有对什么都不在乎的人才不爱花钱，觉得无所谓，得过且过。我热爱布置各种细节，每个星期都要给自己买花，因为走进有鲜花的屋子，感觉心情都会好很多。即使负能量超荷，也不会抱怨、不会去烦别人，而是自己坐飞机去某个海岛晒太阳，归来的时候必定会满血复活。

  爱花钱的女生都有能力。爱花钱的前提就是爱挣钱、会挣钱，爱花钱是理所当然地花自己不会觉得屈辱或者有内疚感的钱。其实我挣钱并不容易，每个月加班、写方案、做PPT经常做到想死，还要应付很多难缠的甲方。也许有人会问，那么辛苦赚来的钱，怎么就那么轻易地花出去了？我要说，就是因为辛苦赚来的钱，才要花得痛快，才会觉得值啊！

爱花钱的女生更上进。为什么年年都要买新大衣？因为去年的大衣已经配不上今年的我了。我时刻在进步，时刻在变成更好的自己。为了全方位地进步，为了更好地经营自己，我一定会努力学习、努力工作，然后换取更好的配得上现在的我的一切。

爱花钱的女生更快乐。世界上什么能让你忘掉忧愁？随心所欲地购物。你看到哪四个字就心花怒放？正在配送。再也没有什么比满足心愿的时候更快乐，购物的时候就是不断地收取这些快乐，每一件觉得与自己有缘的物品都被收归囊中，会有一种莫名的满足感。买到了心仪的物品，更想与周遭的人分享这一份喜悦。

港剧金科玉律的台词就是：做人嘛，最重要的就是开心。人生之不如意十之八九。曾经有个男同事对我说，没钱，很烦。我说，能用钱解决的烦恼都不叫烦恼。他问我什么不能用钱解决，我犀利地指着他的秃头说："比如说，钱也不能让你再生头发。"

我说得好有道理，他竟无言以对。

所以，那些你可以花钱解决掉的烦恼，就痛快地解决掉吧！

我知道会与你渐行渐远,可是能否不别离

01

第一次读到"这世上所有的爱都是指向相聚,唯有父母的爱,指向别离"这句话时,非常心酸。

脑海中有一个情景挥之不去——我站在医院的走廊里,看着一块小白板,上面有很多病人的信息,每看一次揪心一次,上面有我爸的名字,六十岁的病人,前面特别注明"危""重"。

在离我不远的地方,有一个光头的女人,面容姣好、身形苗条,满面愁容地看着窗外。

去年八月,我爸被诊断得了一种叫"castleman"的病(属原因未明的反应性淋巴结病之一,临床较为少见),每一次化疗,对身体本来就不好的他来说,都是一次生死劫。

他生病以后,我才明白,你该流的泪、该担的心、该吃的苦,总是会在你最不想要的时候给你。

我爸是个读书人,虽然受历史的影响数次辍学,但他一直不甘心放弃,终于在恢复高考以后考上了大学。但是我不太像他,他一心只想读书,我却很厌学。即便我有种种不好,也不影响他对我的

喜爱，尽管我那时候总是嫌弃他。

我嫌弃他的一身烟味，嫌弃他没有品位，嫌弃他的老观点，嫌弃他束缚着我。他总是觉得只有替国家打工才是正式工作，他总是希望我很早就成家，他总是只会问我工作好不好，他总是觉得我没有长大，一直是他的孩子。

小时候他是清贫的老师，家里住在一个长长的坡上，他每天骑自行车送我去上学。有一次自行车刹车失灵，我们从长坡上冲下来，与另外一个骑自行车的人相撞，他被撞得满脸是血，我安然无恙。刚好遇上正去上班的老师，他让老师带我去了学校，也不知道他自己后来是怎么回去的。

那时候我和他很亲，因为他溺爱我。我的所有合理、不合理的要求，他都会想办法或者创造条件满足我。

后来越长大，我们就越不亲。

02

我读中学的时候，他不当老师了，去了政府部门上班。他没有根基、没有人指路，很多时候都是一个人在酒桌上乱闯。会喝酒的名头就是在那个时候打响的，我却厌恶他喝酒。他喝酒喝得也不管我，我十二三岁都是自己做饭、自己上下学，他醉醺醺地回来了，经常吐得家里一地污秽，我的青春期曾经那么漫长，总是自己在做不会做也永远做不完的题，他睡在床上鼾声如雷，地上时常有他的呕吐污物，妈妈烦躁地漫骂着。

中考体育测试的时候，跑完八百米，看到很多同学的父母都在终点等他们，拿水或者饮料给他们喝，我心生羡慕，觉得自己从来没有享受过这种关心。后来听到他叫我的名字,只是在很远的地方,我也没有想过他会来,但是他却站在那里,一直催促我,他叫了单位的车来接我回家,却怕司机等太久,就让我快点儿过去。

那时候很辛苦,心里想,为什么刚跑完八百米还要继续跑步,他还不如不来。

快高考的时候,有一次我很晚去食堂吃晚饭。食堂没有开灯,很不明亮,我一边出汗一边吃饭的时候看到食堂门口出现一个人影,提着一大袋的东西。那时我是不戴眼镜的近视眼,也看不清楚是谁就继续吃饭,突然听到熟悉的声音。

竟然是他。

更惊讶的是他提了很多零食给我,有果汁、有巧克力。他看着我吃饭、和我说话,我问零食是不是他买的,他说他叫单位的一个小姑娘帮忙买的,还叮嘱她要买现在孩子流行吃的。

03

后来我去了远方上大学,寒、暑假才回家,觉得自己各种忙,很少给家里打电话。

大学毕业后,工作了。离家不远,经常回家。经常在心里感慨,他怎么老成这样了。可他还是老样子,嗜烟酒,不忌口,各种慢性病,看到我就只会问最近工作怎么样。我也有了儿女在父母年老后的通病,永远报喜不报忧。

但是他一直和蔼又通情达理,直到他生病。我不陪他的时候,在家里也不敢关手机或者设置静音,虽然很怕手机那头传来不好的消息。

病痛似乎让他特别不舒服，让他变得易怒又暴躁。纵然陪护他的人是我，他也埋怨我，说我总是吵到他，烦我总是问他要不要吃东西，说我没有力气搬动他。又不肯我请假陪他。

突然想起在他病得还不是很重的时候，他和一个癌症晚期的病人在同一间病房，和我妈曾讨论那个病人的性格已经很怪异。他说阎王老爷要收人的时候，就会让这个人的脾气变得很不好，为的是让身边的人起恨心，以便那人走了以后没有那么怀念他。

每每想起这段话我就流眼泪。

怎么可能不想、不怀念，怎么可能不珍惜，怎么舍得就这么走了。

所以我不起恨心，怎么着也不起。虽然只要一回忆起来，就会有那么多的嫌弃。但是宁肯一直嫌弃，也希望他一直都在。

04

他第三次化疗以后，我下定决心，不再让他承受这样的痛苦，也不让我和我妈再经受这样的惊吓。

我想带他去北京的医院，这种很少见的疾病，也许只有北京的医院会有一些经验。他也一直寄希望于去北京，他想可能很长时间都要在那里住院，走之前叮嘱我妈收拾了很多衣服，却没想到只在北京待不到两天。医生一样没有好办法。回来的路上他对我妈说，她辛苦了。

他和我妈其实感情并不好，只是由于各种各样的原因而没有分开。他突然这么说，我和我妈都好担心，他要放弃。

当时他已经走不了路，腿肿得很严重，身上长了上万个疹子，每天难以入眠。

可是他自己这样，还在担心着我。总担心我没有钱用，说自己用了我的钱。我过生日，叫了亲戚一起吃饭，他在医院来不了，还在微信上给我转钱，祝我生日快乐。

很早以前，我还上学时，写过一些文章，偶尔发表过。那时他都特别高兴。长大以后我不再写文章，他曾苦劝我写，可是我不。我懒，而且怯。我没有真才实学。

他病了以后，我为了舒缓压力又提笔再写。他知道了，比我还高兴，总在病房里很大声地问："你最近有没有发表文章？"似乎那是他得病以后最大的快乐。我觉得自己写得还不够好，一直偷偷地用笔名发表文章，可是他总能找出很多我发表的文章，还会大声地告诉所有探病的亲朋好友。

有一种快乐，叫他比你更快乐。

我努力练笔写文章，总是想写好一些，再好一些。让他快乐，一直快乐。

这时我突然也懂了，还有一种快乐，是你希望他快乐。

愿你是别人的公主，也是自己的女王

PART 04

我的全部野心，
就是无所畏惧地生活

在这凉薄的世界，愿你与所爱相配

01

有一位作家，叫傅首尔。她是一个很遵守自己内心秩序的人。曾经她去买水果，听说购满额度可以赠酸奶，最后得知酸奶已经赠送完毕，换成同等价值的牛奶，她忍不了。

她去吃茄汁牛肉面，发现面里放的不是茄子也不是番茄而是圣女果，她也忍不了，和店家大吵了一架。因为在傅首尔的心目中，圣女果是水果而不是蔬菜。她要为了维持内心的秩序而战。

我突然想起我曾经也是个斗士，内心也曾井然有序、清净而又明亮。

但是最近，好像变得一片混沌。就像昨天，瞎忙了一上午，很没有成就感时发现还误了饭点，于是匆匆忙忙地跑去一家西北面店吃面。我点了一碗拉面、一盒酸奶。

"小姐，一共二十三元，请问您刷卡还是付现金？"他们店胖胖的收银员笑容可掬。我看到摆放在她前面的牌子上写着：刷某银行信用卡平日九折，周三五折。爱占小便宜的我马上拿出某银行信用卡选择刷卡。

但是刷卡还是二十三元。

"不是说九折吗?"

"不是周三,没有折扣。"胖胖的收银员依旧笑容可掬。

"平时不是九折吗?"我指了指她前面的牌子。

"不打折,这个是银行统一印制的。我们店平时不打折。"

那边的伙计已经催促我面好了,我去拿面,没有因为这个继续执拗。

心里略不平。脑海里突然浮现出年轻几岁的我的面孔,斗志昂扬、满面通红,在收银台前一大段一大段地与她理论,定要说得胖胖的收银员心服口服。

但是我只是默默地拿了自己的面,选了一个角落,加了些醋,默默地一口接一口地吃完,似乎吃的不是面,是憋屈。

印制好的牌子摆放出来却拒不执行,这就是欺诈。我明明被欺诈,却没有和她理论,是因为怕麻烦。

02

好像是年龄越大,你就越心态平和,越能接受这个世界。用那句鸡汤的话说,就是你与这个世界握手言和。

实际上哪有这么好的事。年轻的时候,你桀骜、任性、乖张地做着自己,愉快地、吵闹地、任性地说你就是你,一个我行我素的小孩子。难道到了你自己觉得该成熟了的年纪,你对世界说"来来来,我们坐好,握手言和",世界就会向你伸出他那谦卑的、渴望和平的双手?

并没有,世界还是那个世界,八婆还是那些八婆。

以前有个很好看的邻居姐姐叫君姐，很有个性，一直特立独行。

有一次见到君姐，是在妈妈单位的公共澡堂里。那时我上小学，第一次去公共浴室，看到很多小格子间，都是拉着一块帘子，下面露出裸露的小腿。

走到其中一间的时候，看到有一个女人在里面洗澡，她并没有拉帘子。是君姐。

她身材很好，浑身的皮肤洁白又光滑。很多去洗澡在找格子间的人都停下脚步，开始议论她。

"好看呀，可真好看。"

"她爸爸是厂长吧，平时就爱显摆，没想到还到这里来显摆了。"

那些人肆无忌惮地说着，君姐似乎充耳不闻，她洗好以后，用浴巾包裹好自己，对我明媚地笑了一下，问我要不要洗。

我木讷地点点头，看她从容不迫地收好自己的毛巾、香皂等，然后离开。

我进去以后才发现，这个小格子间，并没有帘子。

格子间前那些议论的人早就散开了，到处都是水声和水雾。她们要议论的，是拥有姣好身材和容貌，平时又有个性的君姐，并没有我这个小学生多少事。

后来君姐嫁人了，婚姻不太幸福。她本来是一个"白富美"，只是很少按常理出牌，好像明知道好好的路但是不想走，总是笑着优雅地说，我不想呢。只是自己选择的路，又更崎岖。

被议论的人很安静，胡说八道的人太无情。印象中的君姐一直从容淡定、优雅美丽，但是小时候院子里那些八婆从来没有放过她，总是喜欢说她、奚落她，再虚伪地配上"爱之深，责之切"的样子。

但是有一次再见到君姐，我很吃惊。只见她穿着睡衣坐在小区的麻将馆里打麻将，突然一个孩子在她桌上拿了一把钱跑出来，她追出来，骂骂咧咧。

后来我才知道，她与初恋结婚以后，没有熬过七年之痒，离婚以后重新回来走七年前走的路。按父母的安排，进厂里工作，又再结婚，没有多久再婚老公又被她捉奸在床再离婚，工作所在的厂矿又破产，在那之后看过她在我们中学附近开一个香肠加工店，每天灌香肠。

很多年后再听说她，得知她患癌，不幸去世了。

03

在男闺密还没有黑化的时候，我真有一个特别要好的男闺密——Y。我们是同学，后来他读研究生、我工作时，我还借钱给他泡妞儿，并大气承诺不用还，他只要有点儿钱，也绝对会想到给我买一打巧克力让我发胖。

后来Y研究生毕业，去了远方工作。有一次在微信上聊天儿，我说我们好像没有以前那么好了，他说一样的好，只是大家忙，联系得没那么频繁而已。

我想应该也是。我们经历过友谊中大风大浪的"借钱坎儿""各自有男、女朋友的坎儿"，但是友谊的小船依旧平稳地匀速前进。

可是友谊的小船也是说翻就翻。

我们有一个共同的同学S，Y知道我超级讨厌那个同学。

S市侩、势利、说话浮夸，喜欢说大话、拍马屁并且不学无术，还常常坑别人的钱。譬如结婚、生子、庆生，都要广而告之，把不熟的人也叫来坑份子钱。

有一次我去韩国，他还叫我帮忙代购，后来也没给我买东西的钱。

我和 Y 吐槽过 S 这个人间极品，Y 也弱弱地告诉我，S 平时也没少说我坏话，譬如说我天天端着。

因为特别讨厌 S，所以我宁肯钱都不要了，直接不再联系他。

最近，我看到 S 还来加我微信，本来想拒绝，后来一想，我应该成熟一点儿、大度一点儿了（当时还心存幻想，以为他会还我钱）。

结果当然是我想多了。但是，我发现 Y 和 S 竟然一直在微信上"眉目传情"！S 现在好像是个副厂长，没事就爱炫耀，某一次一份报纸上刊登了对他进行采访的内容，其中提到了他的身份，S 在朋友圈炫耀，然后 Y 还评论：S 厂长好思想、好觉悟。

S 回复道：向 Y 总学习。然后两人互相吹捧刷屏若干条。

突然看到自己很在乎的人以自己讨厌的方式和自己讨厌的人打交道，我有一种说不出的失望。

后来有一次 Y 问我，他做了什么，让我不再理他。我说什么都没有，只是大家都很忙。他发了一个"大哭"的表情，告诉我说，常常觉得自己很累，为什么长大了，人就都变成了这个样子，全然没了过去的那份快乐。

其实世界还是那个世界，只是你已不再是那个本心的你。

周星驰曾说："谁心中住着一个儿童谁就全无敌。"实际上，是因为全无敌了才能坦然承认自己心中还住着一个儿童。

我们以长大为借口，慢慢蚕食自己的内心，当内心被自己弄得乱七八糟、四处蒙尘后，又开始愤世嫉俗、灰心失望再无可奈何。

你说社会磨平了你的棱角，于是你与世界握手言和。

实际上，是你在取悦世界，并且很委屈，因为你觉得世界变得刻薄了。

事实上，我们的内心是由我们的精神力量支撑起来的堡垒，越简单就越坚固。五色令人目盲，五音令人耳聋。当在意的事情越来越少，当诉求和欲望越来越少，内心就会越来越简单和纯净，此时你也会发现，自己很强大，而世界，不再可憎或可惧。

愿你出走半生，归来仍是少年。

你不是享受悠闲，你只是临阵逃脱

01

几年前单位来了两个女孩子，一个叫小琪，一个叫小然。大家都比较看好小然，小然研究生毕业，家境良好，而且姑娘高高瘦瘦，穿衣打扮一股浓郁的文艺风。而小琪，站在小然的身边，免不了被比喻成小姐身边的丫鬟，她有点儿黑，长得不高，而且脸上有很多痘痘，学历也只是本科毕业。

论工作能力，小然也比小琪强。小琪经常问东问西、焦头烂额做好几天还无解的工作，到小然手中总是轻轻松松、迎刃而解。小琪曾经苦恼地对我说："姐，我也不想这样，可是师兄们都只愿意教小然。"

但是有一点我们全公司公认的是，小琪的工作态度强过小然。小琪像一头小黄牛，每天很早来、很晚走，对待任何一件事情都勤勤恳恳、任劳任怨，有时候其他部门的人叫她跑腿、买票，她也毫无怨言。

小然就不同，没事的时候，她喜欢捧着一杯咖啡，摆弄她办公桌上的多肉植物，更多的时候，她在发呆。突然有一天，她拉着一个超级大的行李箱,和我们说,她决定要去云南玉溪抚仙湖旁的一个小村子里支教。

而且,她说去就去了。看着她的背影,我们都觉得她很潇洒。从此以后,她的朋友圈里都是蓝蓝的天空和淳朴的孩子,很多人留言,都说小然绝对是最美支教老师。

半个月前,小然回来了,依旧像个女神。她说支教了三年,该回来了。

可是,回来以后很快她又无法接受现状。她还是被安排到以前的那个岗位,似乎什么都没有变化,除了直接领导也就是她的主管是小琪。

被一起进来的并且当时尚且不如自己的人管理,可能是有一些无法接受。可是这从公司管理的角度及人员的安排来说,并没有什么不妥啊!小琪此时已经是一名娴熟的业务主管,她和三年前一样任劳任怨、勤勤恳恳,只是已经不需要去帮人拿快递。而且她也没有逆袭,只是按部就班地升到了主管。

一没有潜规则;二没有暗箱操作;三没有打压小然。倒是小然,当时说走就走显得潇洒,现在说回来就回来貌似天经地义,刚回来工作就吐槽上级主管,给公司管理层留下一个负面的印象。马上就有副总感慨:"今后招人不要招家境不错的,她们不知道生活的艰难苦楚。"我也是第一次听说家里有钱还错了。

02

前不久在微信朋友圈刷屏的一篇文章《一位三十岁的腾讯单亲妈妈:离开北京三年,我后悔了,肠子都悔青了》。主人公是一位本来在腾讯做运营的女子,两次逃离北京,两次回来,她说工作每天二十个小时待命很疲惫,每天挤地铁、坐公交很辛苦,天没亮就要去排队在车上被挤得不能动很凄惨,下班回家在租住的房子里还要排队半小时去不到三平方米的卫生间洗澡,很辛酸。

而且这种日复一日的艰辛磨去了她的斗志,让她甚至无法想象明天,她终于下定决心逃离。曾经逃回老家,又因为格格不入而重新回来,可是又再一次受不了日复一日的艰辛,又再次逃离。

但是这次逃离以后,她发现,北京,终于成了她心底的那抹蚊子血,时间久一些又觉得是朱砂痣,总之,她没法再回去了。因为她已经回不去了。她逃离的日子里,北京还是那个北京,除了工资略涨、房价暴涨,而她却失去了在北京生存的能力。她悲哀地说,即使倾尽全力,她也只能勉强买得起广州的房子了。

实际上我倒觉得这没什么好说的,此处不留爷,自有留爷处,三十岁完全可以重新开始,虽然可能比别人晚了十年,但是我还可以多活十年。在每一个地方站起来重新开始战斗,都一样可以成为斗士。

只是她那颗纠结、不专一而且一直回头的心。频频回头的人,走不了远路。不管在哪里,都会是这样。

你反复地质疑自己做过的每一项决定,总是觉得做这些决定的自己像一个傻子,而且把时间放在这些没用的事情上面。最后别人看你也和你看自己一样,觉得你就是个傻子。

03

我曾经采访过一个舞蹈家小艺。

我都没有想过,小艺的背后竟然有这么多的故事。小艺的爸爸是聋哑人，妈妈是盲人。小艺是吃百家饭长大的，而且家里也没有什么从事文艺职业的亲戚。六岁那年学校无意中发现小艺身体的柔韧性很好，将她选去学体操。当时家里听说体校管吃管住，马上就把她送去了。这很好。

后来小艺自己在体校听到音乐就跳舞，老师感觉她是一个有天赋的孩子，又介绍她去学舞蹈，家里人很不情愿，可是小艺自己想学，家里也就勉强接受了。

十七岁中专毕业她在幼儿园当老师，经常带着小朋友们一起跳舞，全家人都很满足，只有小艺不满足。每天等小朋友们都放学了，同事们出去交男朋友、聊电视剧的时候，她一个人在活动室练跳舞，满头大汗。天天如此。

父母都劝她不要再折腾，因为他们已经以她为荣，他们甚至觉得小艺应该知足。在这样的家庭中长大，可以是一个正常人、能自食其力就已经很不错了。

可是小艺不这么认为，终于有一天，她接到了美国一家知名舞蹈学院的录取通知书。她雀跃地去了，虽然坐在飞机上的时候，她看着窗外，知道自己这一走，家里刚买房子的几十万贷款也不知道该如何还。

但她还是选择跟随她的偶像继续学习，很快，她在国际舞台上声名鹊起。我看到正在表演的小艺，一脸自信、神采飞扬。而且，她的脸上依旧明显地写着三个字——不知足。

她要继续奋斗、继续攀升，她知道自己的高峰在哪里，她有信心可以爬上去。哪怕会遇到艰难险阻也有可能粉身碎骨，但她也在所不惜。

说真的，我特别羡慕那些热爱生活、可以把日子过成诗的人。他们随遇而安、无欲无求，似乎无论在哪里，都沉醉于自己的小天地。

可是我也问了问自己，我能做到吗？我可以不再这么努力，每天不跑步，随便自己长胖也无所谓吗？我可以停止学英语，继续对职场充满畏惧，每天战战兢兢、如履薄冰吗？我可以不写文章，拿这些闲工夫去睡觉、扯淡、欣赏花花草草，不管不顾内心的空虚吗？

我不可以，我连离开城市去没有外卖、没有二十四小时营业的便利店的乡下生活几天，都不可以。

而且你为什么要离开，你是真的喜欢一辈子就和花花草草待在一起而不和人打交道，还是在怕苦、怕累、怕压力？我劝你，要想好。

你不能纠结。人一纠结，就完蛋了。

我们都嫌弃着生活的苟且，想去远方吟唱诗歌。可以。但是这列火车来了，你嫌弃是绿皮车没空调；那趟大巴来了你又说太挤有人家脚丫子的味道；可关键是你还嫌弃飞机票不打折自己买不起，又没有私家车直接开过去。于是你眼睁睁地看着别人走了，去了你想去的地方，随后你在家刷着朋友圈看别人在你想去的远方吟唱诗歌你又羡慕嫉妒恨。

这怪谁呢？在你什么还没有的时候，你有什么资格可以挑剔。你明明很想要，又不舍得吃苦，就说自己不想要，可是你最终又骗不了自己。你总说前面是坑你要绕着走，最终你绕了很远的路却发现，人生这条路上哪里不是坑？

而此时，你再看当年那些被你嘲笑跳进坑里还竭尽全力往上爬的人，已经到岸了。那就是你一直以来心心念念想要到达的彼岸。

生活不是得偿所愿

01

最近很烦和我朋友小姿一起吃饭。

本来我和小姿一直很好,兴趣相投、口味相近,在一起都会很开心。

可是今年,她老公跳槽了,跳到了我们公司附近,于是,从此我们还要和她老公一起吃饭。

这就是我烦恼的缘由。我真是很不喜欢小姿的老公刘先生,尤其讨厌和他一起吃饭。刘先生其貌不扬,在附近做一份薪水不高的工作,但有一种莫名其妙的优越感。本来中午我们几个闺密一起吃饭,男人自己去吃个盒饭就好,即使厚着脸皮要来,当个安静的花瓶啊,哪怕这个花瓶不好看。

他偏不,他要把我们的饭局变成他的主场。每次点菜都要迁就他,要吃很多,但不吃鱼、不吃鸡,只吃肉。

要点辣椒炒肉、水煮肉片,还要糖醋排骨,腻死我们,而且又不是他埋单。

我们平时吃饭,最喜欢聊八卦了。聊明星的八卦,聊共同认识的朋友的八卦,聊起来确实没营养,但是我们开心啊!刘先生总要嘲笑我们、批评我们,然后就自己高谈阔论。

他喜欢说什么?楼市、股市,如何快速赚到五百万。

问题是他自己月薪四千,比我们赚得还少。听他说如何快速赚钱,你说扯不扯。

02

每次吃饭吃到最后,就像进行一场乏味的会议,刘先生高谈阔论,我们在微信群里聊天儿。当然,那个群里没有小姿。

大家都说小姿应该自觉一些,不带刘先生来。可是小姿说,是刘先生自己要来。

我上个星期不想去听刘先生教我们如何赚钱和一直吃猪肉,就没有和他们一起吃饭,宁肯自己一个人在公司食堂吃着乏味的食物。感觉肚子里憋了很多话,都闷坏了。

不知道是不是以后的闺密饭局都会变成刘先生和他老婆的朋友们的主场。

昨天我们闺密们在一起还说,为什么我们就没有一个人说一句"小姿,你以后可不可以不带老公来,我们都不带的;或者对刘先生说,你下次自己去吃饭好不好,闺密饭局你一个大男人来不方便"。

怕小姿不舒服,怕刘先生不高兴。于是大家都不开心,默默地忍受着。

不知道从什么时候起,网上就开始宣扬一些理论,总结起来就是:教你如何成为一个不快乐的人。

不但要教你这么做,还要威胁你——你不这么做,世界就会惩罚你。

教你各种自律，让你学会机械刻板地生活，每天逼自己做不喜欢也不想做的事。还告诉你，要提高自己的情商，高情商的人就是要做到让别人都舒服，唯独自己不舒服。

03

同事灵灵，公司人对她的评价是"人精妹"。

老总最喜欢她，因为她很会察言观色，又会讲话。总是让在场的每个人都舒服，传说中的高情商。

出去吃饭的时候老总都是点名叫她点菜，因为她记性好，总是能记住谁喜欢吃什么。M总喜欢吃辣椒，叮嘱饭店菜要多放辣；L总有糖尿病，所以饮料得是无糖的；还有Q总吃饭喜清淡，总要记得给他点几个家常菜……

所以每次应酬，灵灵都是必须被带去的。每次看她在饭桌上左右逢源，呆头呆脑的我也会觉得很羡慕，觉得这是她的能力。

可是有一次，快下班时，本来已经和男朋友约好要去吃饭、看电影的灵灵接到电话，又被告知，要去应酬。

第一次看到她眼睛里露出一丝疲倦与失望——哪怕很快就翻篇儿——换成我们熟悉的应酬式微笑。

那一刻我也在想，灵灵她快乐吗？虽然我们都夸奖她情商高，可她想不想要这个美誉呢？

04

今天中午,小姿又邀请我吃午饭了。我还是说自己很忙,她说再忙也要吃饭呀!

我突然也没有想太多,就是觉得忍了很久,于是说:"小姿,可不可以叫刘先生不要在饭桌上告诉我们怎么赚钱啊?虽然我们都缺钱,可是不想学啊!"

"可以啊,我也很烦他这么说。一直都在想,你们为什么不说。"

"而且,有时候,可不可以不要一直都吃猪肉,换个口味吃鱼呢?"

"也是可以的呀!"

我也不知道她说的是真是假,但是共进午餐时,终于不再是全猪宴,刘先生安静了不少。我们很快就忽略了他,又像以前一样在饭桌上畅快地聊八卦……

看过数不清的文章,都是所谓的高情商,就是好好说话等。

那么,高情商就表示要见人说人话,见鬼说鬼话吗?所谓提升情商,就是大家为了表面的一团和气,为了传说的中庸之道,为了保持表面的和谐,都把不快强忍在心中,隐藏那个真实的自己,为了可以表面上愉快地一起嘻嘻哈哈?

如果我们一直隐忍,为了他人的看法,为了体现所谓的高情商,为了最大限度地取悦他人。好比在用铁丝网隔绝住心中的一头猛兽,可是隐忍太久,隔绝猛兽的铁丝会越来越承受不住,而在这个过程中,我们自己也会越来越不舒服。

倒不如让猛兽出来转一圈,适当地撒撒野,做做真实的自己。毕竟,与其一直将自己困在高情商的笼子里,不如偶尔放飞那个想自在的自我。

理想从来都年轻,只要你不抛弃它

01

昨天收到一封信,这个年代,很少有人寄信了。所以收到信的时候感觉很奇怪,地址也很奇怪,是我家老房子的地址,几经辗转,最后像个谜一样到了我手上。

其实信是写给我妈妈的。看到信,我才想起很多年前发生的一件事情。

那是很多年以前发生在我老家的一场悲剧,一个远房表舅家突发横祸,表舅健康的妻子突然得了恶疾,从发病到去世不过十多天,从此留下表舅与两个女儿相依为命。

我那两个表妹,当时一个三岁多,一个一岁半。母亲去世的时候她们几乎什么都不懂。为了生计,表舅出门的时候就把她们关在房子里,去很远的地方贩瓦回来赶集去卖。有时回到家,看到她们摔倒了,或者尿湿了,也都没有人管。

她们就是在这种常人难以想象的经历中告别了婴幼年时期。

表妹们大概六七岁的时候,有一次表舅下了集市,打开家中的门锁,惊呆了又气坏了。破旧还杂乱的房子,竟然被小女儿用烧焦的树枝画得乱七八糟，又累又气的他马上暴打了小女儿一顿。

但是这样也起不到什么作用，只要表舅不在家，小表妹就会不停地画，地上、墙上、家具上都被她画得乱七八糟。表舅和女儿好像是现实版的《猫和老鼠》，一个抓，一个逃，但是都不放弃。

有一次我们一家回老家，别人把这些事当笑话讲给我妈听。我妈却放在了心上，她特地去了表舅家，看到了表妹画得面目全非的屋子，觉得表妹比一直在城市里学画画的我画得好太多了，马上表态支持她画，还给她买了纸、水彩笔等绘画工具。

但是我妈能做的也只有这些。

后来我们极少回老家，也并不知道表妹还有没有在画画。有一年老家来了亲戚，我们问起那个表妹的情况，他说表妹家里实在太穷了，供不起两个孩子读书，她已经辍学外出打工了。我和我妈听了，也只是叹息一声。

曾以为表妹以后的人生，再也不会有拿起画笔的机会。她的那些曾经不愿意放弃的天赋，还是会在现实生活中默默溜走。或许她一辈子都在打工，嫁给一个和她一起打工的人，或许回家当一个农妇。她迟早要走上那条被命运安排好，她不想踏上也曾挣扎但最后不得不走的路。

直到昨天我收到这封信，得知表妹竟然一直没有放弃画画。

她说她一边打工一边画画，攒够了钱回去报了复读班，并作为美术特长生考上了师范大学。

信的最后，她说，虽然她只是在老家的一所市郊中学当美术老师，但是她知足而快乐，因为她一直没有放弃手中的画笔。现在还能继续画，还能变成生计。

她很感谢我妈妈当年给她的鼓励以及给她买了纸和笔，希望有机会再来我们家,和我妈妈当面说一声"谢谢",谢谢我妈妈给过她的不抛弃理想的勇气。

02

看完表妹的信,我突然想起几年前看过的一部电影,是顾长卫导演的,名叫《立春》。

主角是由蒋雯丽饰演的一名小县城里的大龄音乐女教师,叫王彩玲。她相貌丑,却有一副唱歌剧的好嗓子。她相当清高,不甘像小市民一样过着平庸的世俗生活,梦想是把歌剧唱到巴黎歌剧院。

作为一个小人物,王彩玲善良、执着、虚伪、高傲、嫉妒比自己长得漂亮的邻居;作为女性,她渴望爱情,不甘寂寞;作为一名天赋异禀的音乐老师,她想要登上巴黎歌剧院的舞台;作为女儿,她孝顺,不愿让双亲看到自己仍是孑然一身、无子无女。

但是最终,王彩玲并没有实现她去巴黎的梦想。她只是"与世界握手言和",成了卖猪肉的屠妇,为了父母的心愿收养了一个女儿。

王彩玲曾说:"宁尝鲜桃一口,不要烂杏一筐。"但到最后,她还是向世俗低下了她原本高昂着的头,接受了"心比天高,命比纸薄"的现实。

生活中有太多和王彩玲一样的人了,他们都曾有过梦想,也想逃离世俗,但是最后却找了一个理由或者连理由都懒得找,就随便放弃了。

每年都会出现一些突然"爆红"的草根小人物,譬如前两年的余秀华、前不久的范雨素。她们其实也没有那么强大,但是为什么就红了?

人们在她们身上,突然看到了自己,想起自己的另一盒原本要拆开的人生巧克力,如果拆开了会是什么滋味?

03

去年采访过一个神一般的人物。

是一位中年女性,之前顺风顺水地成长,是高级白领,收入多金、生活小资,一切过得很好。有时候休息的时候,在公司茶水间的露台,看到天上有飞机飞过,她就会心中惘然。想起她十四岁的时候,看过《小王子》《夜航》,如同少女怀春一样,她有过一个飞行梦,想在蓝天上与小王子来一场浪漫的邂逅。

后来她并没有邂逅到小王子,但是真的遇到了一个飞行员。别多想,没有艳遇的桥段,她只是怀着好奇心打听了一些飞行的事情。

飞行员鼓励她:"可以去学飞行啊,普通人也可以的。"

一般人听了只是笑笑而已,毕竟冲上云霄并不是那么简单的事情。可是她却听进去了,不仅仅听进去了,还马上做了一个疯狂的决定——辞职,去学飞行。她是一家 4A 广告公司的事业部副总,说走就走,还用自己多年的积蓄——大概八十多万元人民币去了美国,到一所私人飞行学校学飞行。

那年她三十八岁。她用了三个月的时间考取了第一本私人飞行执照,随后她又考取了仪表教练执照、多发教练执照,成为第一位同时拥有三张教练证照的中国人。而在四十四岁的时候,她真的放飞了自己的飞行梦想——十八天的时间与海天独处、大漠孤飞,看月光铺满云海,横跨大西洋追赶最美的日落,横跨了十一个国家和地区,完成了环球飞行。

她的名字叫王争,是中国第一个独自环球飞行的女飞行员。四十四岁的她,放飞了她三十年前的少女梦。

创造了纪录以后,走下飞机的她被鲜花锦簇相拥,各路媒体蜂拥而至。她一直都很冷静、理智、克制,但是却在接到一个电话后泪流满面,电话那头是当年鼓励她学习飞行的那个飞行员。除了祝贺,他更惊讶,说曾和很多人聊过飞行,很多人都说自己的梦想是学飞行,但是只有王争,真的马上去做并一直坚持下去了,最后真的飞上了蓝天。

04

我们都有过理想,但是最后,是我们自己无情地将其抛弃,并为自己的行为找出很多原因与借口。

事实上,我们也知道,那只是为了保护自己的说法,不想承认自己是一个半途而废的傻子。而且我们害怕,总想给自己留有余地。

于是渐渐地,我们只看着眼前的生活,忘记了头顶上高悬的理想。

理想就像赵雷的歌中所唱的那样——还谈什么理想,那是我们的美梦……理想今年你几岁,你总是诱惑着年轻的朋友。

毕竟很多人每天为了生计奔波已经足够劳苦了,没有时间或者精力去思考理想今年几岁。

实际上,理想永远都年轻,只要你不抛弃它,它会永远倔强地反抗着命运。

在这个可能漫长、可能痛苦的过程中,你坚持着理想,就一定会拥有未来,哪怕平凡但是让你满足。你放弃,一定会在某个时候或者很多时候,惘然而惆怅。

面子最终吞噬了那个女孩儿

01

刚参加工作的时候,单位有个同事叫印子,年纪比我大一些,工作能力很强,雷厉风行,虽然长得一般,但身材很好,打扮得很时尚,每天都是美美地来上班。

后来我们熟悉了,经常一起吃饭、逛街,我发现印子也是个花钱不眨眼的主儿。我属于"不良少女",青春期无限延长地叛逆,经常和爸妈闹别扭,于是会发牢骚说我爸妈坏话。她没有,她基本上不说她的家人。

不久之后她买了车,我们还去湘江大桥上兜风,在桥下的游戏吧玩桌游等。那时候还有一帮人也和我们一起玩,好像是一群富二代,都开名车、穿大牌,也不需要工作。当时挥霍青春的行为,虽然不一定对,但是当时真的觉得很美好。

那时候的印子,我觉得她有一些真诚,也有很多善意。如果说我觉得她有什么弱点,就是她太好面子。有一次我妈来看我,她和我妈聊天儿,得知我妈是医生后,她说她的父母都是医生,她家住在某某医院附近。随后有一个同事不屑地对我说:"嗨,你不知道她妈早就去世了,而且是精神病自杀的吗?"

我表示真的不知道,那时我才听说她家的故事。她妈妈在她很小的时候就自杀了,她爸爸再娶生子,她一直寄居在姑姑家。

也许在阴天里长大的小孩子会特别向阳,印子是个好面子的人。其实很多人都要面子,怕被戳到痛点,鲁迅早在一百年前就在《阿Q正传》里描写了长着一头癞疮疤的阿Q,就怕别人说自己是癞头。

02

我和印子开始有间隙,是从我意外地升职开始。工作三年以后,有那么一个机会,我竟然升职了。我小心翼翼地告诉印子,她听了之后,正如我所想的那样——并没有祝贺我,只是沉默,然后问我:"你打算在这里工作一辈子吗?"

说实话我真的有点儿失望,那时候我即将奔赴新岗位,突然发现,我们之间存在的友谊,仅限于吃喝之间。我们从未交过心,哪怕是一次。

女人之间的友谊,始于颜值,陷于玩乐,终于人品。有一次我听到有人议论我,她们七嘴八舌地说我父亲和某某领导是同学并说得像模像样时,我悲伤地发现,我一度认为是我朋友的印子,就站在那群人的正中间。

那时候我那么年轻,当着所有人的面,和她吵了起来。我们吵得那么肆无忌惮,我终于知道了她的很多真实想法。原来她从来都没有喜欢过我,在她心中我只是她的一个酒肉朋友而已。而且,她嫉妒我。

她说我那么骄傲地在她面前炫耀父母对我的宠爱的时候,有想过她的感受吗？我事业的每一次精进，她也从未认同过我的努力，反而觉得我得到的所有，都是依赖于我父亲的人脉。我终于明白了，她蔑视我正常的家庭以及我所取得的哪怕是微不足道的事业成就。

她这样的人，在无法得到自己渴望得到的东西时，会表现得不屑一顾，而她心里始终燃烧着无法熄灭的嫉妒之火。这样的人总是把对方的成就想象成了通过非正常手段谋取的利益，而在这当中，又把自己假想成为清高而正直的楷模。

03

我终于和印子成了陌生人。很快地，她平步青云，升职步伐超过了我。有时候我们在电梯间相遇，也互不点头，形同陌路。有一次我在电梯里，看到她在打电话，我进去之后，她对电话那头的人说："过两天，我去香港买那款四十多万的蓝气球。"

我认真地打量她，看到她已经打扮得越来越洋气，身上的logo越来越耀眼。关于她的风言风语流传得越来越广，我也确实在那期间见她上过她们老大的车。

己所不欲，勿施于人。我并不是个那么好的人，只是也没有那么坏。何况那时候，印子对我而言已经是一个微不足道的陌生人。终于有一天，听说她要结婚了。她竟然给我送了一张请柬，我看到婚纱照上，她依偎在一个看起来老实敦厚的男人怀中，我笑了笑，让别人给我转交了份子钱。

我们似乎就这么和解了，年轻时候的恩怨或许就是那么容易化解吧。她怀孕的时候，我还给她介绍了一个老乡做月嫂，知道她生了一个女儿，在朋友圈发过照片，很可爱。

印子事业一路精进、家庭美满,终于成了一个"别人家的孩子"。

直到前不久,有一次我出去吃午饭,看到我们楼下有人举牌抗议。走近一看,竟然看到印子的名字,举牌的人是她的公公、婆婆。牌子上写她不孝,殴打公婆,强行带走了女儿,利用女儿当人质,向公婆家索要一百万元钱离婚。

之前在朋友圈晒过的那些事业精进,家庭美满呢?

后来事情发酵了,她老公还写了材料交到我们单位办公室,更有好事者拍了下来,在我们单位各个微信群中迅速流传。虽然只是一家之言,但材料中的她简直丧心病狂、令人发指。

据说她和那群当年和我们一起玩过桌游的富二代混熟了以后,也变成了假想的富二代。事实上当时她父亲以及继母和弟弟一家还只是生活在一个五十平方米的小屋里,虽然她老公家境小康,但是她非大牌不要,每天想的就是名车豪宅,花钱如流水,经常动辄花数万元钱买手表等。后来她与老公分居了,竟然有一天还去公婆家破门而入,把婆婆的金器全数盗走,公婆家的人去找她理论,发生了严重冲突才有了后面的在单位楼下举牌抗议的一幕。

有个和印子不熟的同事小康问我:"姐,你以前和她比较熟,你觉得是真的吗?"

我问小康:"你觉得呢?"

小康笃定地说:"我觉得八成是真的啊!因为印子平时给我们的印象就是这样的,开着豪车、一身大牌,以她的收入及她的家庭状况,又买不起那些。"

04

最终这场闹得沸沸扬扬的内部八卦以离婚收场。据说离婚时印子和夫家还发生了严重的冲突,她丈夫的姐姐开了印子夫妇当时共有的车,印子竟然打电话报警说车被偷了让警察扣车抓人,怒不可遏的丈夫终于举起拳头打了印子。

不久之后,被传与印子有暧昧关系的领导,也就是我见过她坐的那辆车的主人也传来被双规的消息。印子被免职,几乎成了单位的闲散人员。她大部分时间都待在家里,偶尔来单位一次。有一次她来单位我见到了她,我有些不好意思面对她,她倒是若无其事的样子。戴着一顶帽子,据说她头部被打伤了。她并没有在那场离婚官司中占很大的便宜,孩子和车子归她,没有房子、没有钱。

很多人也叹息,说她本来应该有个幸福的家庭。可是,印子知道幸福感是什么吗?

那一刻,我突然想起了《山海经·海内南经》中的"巴蛇食象,三岁而出其骨"以及屈原《天问》中的"一蛇吞象,厥大何如"。

对印子这样的人而言,最可怕的还是面子,这份面子最终成了一把火,吞噬掉了她们自己。她们总是不满足于现状,总觉得自己活得憋屈,不会回头,也不会环顾左右。所以她们看不到不如自己的人,也看不到和自己差不多的人,永远盯住的是比自己更奋进、努力的精英人群,却看不到别人的努力与汗水,只看到别人现在拥有的舒坦自如。所以,她们生活中缺乏幸福感,因为,她们不会知足常乐。

被穷养长大的女孩儿,后来过得还好吗

01

曾经有个好朋友叫小琳,结婚的时候,她是我的伴娘。当时我并不知道小琳的其他情况,后来听朋友们说,小琳的家境特别不好,父母都在农村,还有个身体不好的弟弟。在公司其他姑娘每天都讨论中午去哪里吃饭、谁又买了个新的包包、一会儿去哪里喝下午茶的时候,小琳都在算计,怎么样省出更多的钱。

小琳有个男朋友,是在读书的时候认识的,叫大超。大超家境也不太好,是一个人们常说的"凤凰男"。小琳和大超毕业以后一起找的工作,一起租房子住,每个月给家里寄了钱,遇到恰好又要交房租的时候就会特别吃力,但是之前小琳都勉励自己,没有伞的孩子要拼命奔跑。

我和小琳的友谊在我婚礼那天开始崩塌。我有六个伴娘,小琳是其中最漂亮的一个。她皮肤白皙、身材高挑,夸她一句"安琪儿"也毫不为过。而我老公的朋友——其中的一个伴郎,就在当天看上了伴娘小琳。

自从小琳知道伴郎辛先生家境颇丰以后,就隐去了自己有男朋

友这一事实。他们很快就好上了,但是很快又分手了,辛先生事后曾经向我吐槽,说小琳对他特别好,但是这种好让他觉得自己找的不是女朋友,而是一个保姆。

他们分手以后我才知道他们曾经交往过,小琳大概也因为羞愧,慢慢地与我淡了联系。有一天我听说小琳结婚了,新郎还是大超。后来有一次我在超市偶遇他们,看到小琳胖了很多,也憔悴了很多,她假装没有看到我,和大超在卖鱼的地方认真地看卖鱼的大婶处理那条鱼。

她曾经不甘心就这么嫁给大超,也努力过,可是失败了。当生活回到正常轨道上的时候,她似乎又失去了很多正常生活中的东西,倒是多了一些指指点点与闲言碎语。

小琳是个被穷养大的女孩儿,一直希望自己的人生可以逆袭。她知道自己有一个资本叫美貌。但是,她过分看重自己的美貌,过分依赖美貌,以为美貌可以改变命运。人生从来都是接力赛,她却天真地当成了百米冲刺。其实,当一个人足够优秀的时候,贫寒成了过去,美貌只是一个加分项而已,并不是改变命运的主体。

02

我其实也是被穷养长大的,尽管我们家条件并不算特别差。穷养是我父母的一种理念。

我小时候手里永远没有零花钱,他们很怕我有了钱就会学坏。我总是眼巴巴地看着同学们有钱,看着他们买各种各样自己心仪的小物件。

大学毕业工作后,我赚钱的能力还算可以。当我经济完全独立的时候，每次发年终奖，我都有一种难以置信的感觉。

第一次见到那么多钱，第一次可以自己处置那么多钱。我拿钱去买了很多填补我内心空白的东西，都是我以前觉得自己很想要的，我买过大牌的包包，买过一些看起来没有任何用处但是有品位的物品，还买了几柜子的衣服。

但就在那个过程中，我觉得穷养太久的我，有一种花钱无力感，总是达不到预期的快乐。

虽然还是快乐，但是我本以为有钱的喜悦会是一百分，结果只有八十五分。我有点儿迷茫又有点儿心疼，我这么花钱是为了什么？

我怀疑自己即使背了LV、背了小香，可我这个静若痴呆、动若癫痫的女人，看起来只像个背LV、背小香的傻子。

走在街上看到别人盯着我的包，有一种辩解的冲动："是真的，不是假货！"

而且因为我平时不爱交朋友，再加上我的朋友几乎都是×丝，当时都找不到可以看我炫耀的人。

过了一阵自以为骄奢淫逸的生活，觉得没劲透了。

那种感觉应该是穷太久的人，以前幻想有钱了可以用白糖蘸着红糖吃，等到真的可以实现了，就会觉得齁死了。

03

曾经还有一个被穷养的女孩儿，她妈妈十九岁的时候未婚先孕而有了她。她十一岁的时候，妈妈得病去世了，她被送到了修道院生活；十七岁的时候，她去了一个陌生的城市，白天做缝纫工，晚上做歌女，有一天她终于成了一个成功商人的情妇，因为无聊，她开始设计帽子。

后来的故事你我皆知,她的名字叫香奈儿。虽然当她成名以后,她对自己早年的经历讳莫如深,然而,她不得不承认,自己的童年一直深深地影响着她的一生——她的生活、事业和时装风格。

她的竞争者——法国时装设计师 Paul Poiret 曾贬斥香奈儿的风格是"华贵的贫穷"。香奈儿是一只历经磨难走过了荒滩和沼泽黑天鹅,然而她纯黑的羽毛,涵盖了所有的肮脏、污泥与伤痕,别人看到的是一只美丽高贵的鸟儿飞向瑰丽的天空。

很多人富养女儿是为了让她见识场面,免得长大了没见过世面和好东西,失去了女性的核心竞争力,没品位。

但是,谁能说香奈儿因为小时候穷养,没有见过世面与好东西,从而没品位?

穷养,或许并没有那么可怕,只有一直沉沦过去的贫穷才可怕。很多人介意自己的穷养历程,总觉得自己是上好的珍珠,有未能镶嵌得当的遗憾。于是,很多穷养长大的女孩子,一遍遍地沉迷着《灰姑娘》和"霸道总裁不讲道理地爱上了我"的韩剧。

实际上,你太依赖一件东西可以为你得到什么,也可能会因此而失去全部,纵然你曾经拥有过。虽然对于很多穷养长大的女孩子来说,无异于在苦苦地寻找一条通往罗马的道路。一直在自卑感和安全感之间做着斗争,苦苦地努力才感到踏实。有时候好不容易到了罗马,却发现很多女孩子生下来就住在罗马。

即便如此,也没有关系。不是每个人都有被富养的命,但是,后来的罗马人也可以定居在罗马。没有富养长大的女孩儿们,可以在接下来的日子中富养自己,并富养自己的女儿。

你有没有勇气关闭朋友圈

01

闺密饭局,女孩儿们聊得火热。

糖糖:"宁宁,你终于还是去香港买回了那个你朝思暮想的包呀!"

栗子:"糖糖,清迈很好玩吧?你的文艺女青年装扮很不错呀!"

宁宁:"栗子你真棒,一直在朋友圈打卡学英语。"

只有七七一个人在一边坐着,听大家说的每一句话都很吃惊,好像是第一次听到。

"宁宁,你去香港啦?你一直想买哪个包呀?糖糖还去了清迈?这又是什么时候的事情啊?栗子,你学英语用的什么软件打卡啊?"

女孩儿们实在受不了她,鄙视她不合群,讽刺她今天静若痴呆、动若癫痫。

大概半年前,七七关闭了她的朋友圈。

从此,朋友圈发布的信息她一概不得而知,所以才会在聚会闲聊的时候插不上嘴。

而在这之前,她是个朋友圈达人,我们任何时候发的动态她几乎都是立刻点赞。

但是不知道从什么时候起,七七觉得自己变得非常焦虑。想远离手机,又忍不住时刻刷新朋友圈的内容,恶性循环周而复始。

七七的手机总是很快就提示电量低,她怀疑自己的手机电池出了问题,于是查看手机电池使用的情况,惊呆了,上面显示她每天在微信上竟然花费了三个小时以上的时间。

02

挥霍时间像浪费金钱一样罪恶。七七觉得很内疚,终于下了狠心,把朋友圈关闭了。

世界一下清净了,时间也变多了,但是,她也不合群了。

有微商朋友说:"我卖东西也并没有单独找你买,你没必要这么说自己不用朋友圈吧。"

七七讪讪地解释:"不是借口,是真的关闭了朋友圈。"

过去常常在领导或者客户的朋友圈社交性地点赞,突然没有了身影,他们看到七七,也忍不住问了句:"小姑娘,最近是不是很忙呀?"

七七无从辩驳,知道越描越黑。

而那些建立在朋友圈评论与点赞上的友情,则表现得更为明显。突然之间,昔日一起玩耍的小伙伴,都不在同一个频道上了。

毕竟现在全民用微信,很多人之间都是点赞之交,七七却突然反其道而行之。有人说她清高,也有人说她装,有的人看到她当面给她一个白眼……

而且，刚开始关闭朋友圈时，七七也很不适应，经常习惯性地想要打开手机，打开微信。为了填补突然多出来的三个小时，七七觉得，总要给自己找一些事情做吧。

03

作为一个在朋友圈浸淫了快五年的人，突然要消失，哪有那么简单。

过去，喝个下午茶、吃了好吃的、买了名贵的包包、听了演唱会……做的哪一件觉得格调高一些的事情不想发朋友圈？发完后还忍不住一直去刷新，看看朋友们有没有来点赞或者评价。然后偷偷腹诽朋友，为什么她给她点赞了，不给我点赞？她和她的关系比与我的关系好吗？

那时七七吃饭或者喝一杯咖啡，都习惯性地用手机拍下来，想再发朋友圈时，突然想到自己已经关闭了朋友圈。

少了朋友圈，似乎少了很多朋友，变得很孤单。但是当你开始享受这种孤单的时候，说明你已经开始学会独立地面对自己了。

关闭朋友圈后，七七把生物钟彻底往前挪了两个小时，每天早起跑步、读书。

大学的时候，英语老师曾说："你天赋真好，是学语言的料子。"

很多人可能都听过类似的话，大部分人都一笑了之，最后天赋随同时间一起在指缝儿中溜走，多年以后回想起青春时期的天真与才华，只会落寞惘然。

毕竟此时的自己，已经泯然众人矣。

04

　　生活中突然多出了三个小时以上的空闲时间,七七感觉自己多了一种可以朝花夕拾的勇气。

　　她拿出了七年前大学的词汇书,并买了英语翻译教材、英语阅读原本等。开始背单词,做翻译真题。

　　她学习很努力,废寝忘食。很快,忙碌让她忘记了朋友圈。很多朋友看到她,都会惊讶,这还是几个月前那个重症手机瘾君子七七吗?

　　那时的七七,几乎天天熬夜看朋友圈,还经常因受不了朋友圈里那些美食照片的诱惑而暴饮暴食,每天都是顶着黑眼圈、无精打采、一脸水肿地去上班,即便如此,还一有空就拿着手机露出痴狂的表情。

　　而如今的七七,目光炯炯、神清气爽,俨然一个上进好青年。毕竟她现在有理想、有要去实现的目标。

　　内心有光,方能照亮自己前进的路。终点是自己想去的地方,于是走在路上分外气宇轩昂。

　　她很快就通过了英语翻译三级的考试,马不停蹄地向二级冲刺。

　　她说,年少时那些不小心丢掉的爱好,如今她要一件一件地捡起来。

　　因为,有了时间,更有了信心。

　　关闭一个小小的朋友圈,其实是关闭自己内心的一扇窗。把嘈杂的声音、窥视、虚荣、攀比隔绝在外。

很多人被嘈杂的声色影像冲击，蒙蔽了心田，迷失了自我。

抱着孤绝的态度，关掉那一扇窗。

别怕黑。真正光明的地方，清净而明亮。

人生一定还有另一扇窗，你要去找。路上可能黑、可能苦、可能让你挣扎徘徊，但是你要边找边走。

05

明代大学士徐溥，自幼天资聪颖、读书刻苦，少年时代即性格沉稳、举止老成、不苟言笑。他一生不断地检点自己的言行，并效仿古人，在书桌上放了两个瓶子，分别贮藏黑豆和黄豆。每当心中产生一个善念或是说出一句善言、做了一件善事，便往瓶子中投一粒黄豆；相反，若是言行有什么过失，便投一粒黑豆。

刚开始，黑豆多、黄豆少，他就不断地深刻反省并激励自己；渐渐地黄豆和黑豆数量持平，他就再接再厉，更加严格地要求自己；久而久之，瓶中黄豆越积越多，相较之下黑豆渐渐显得微不足道。

凭着这种持久的约束和激励，他不断地修炼自我，完善自己的品德，后来终于成为德高望重的一代名臣。

徐溥无疑是一个自律的人。自律的人，往往都是自己内心的主人，他们从不因为孤独而盲从，他们会让喜悦和厌恶此消彼长，掌控自己人生的方向，并最终成为一个自由的人。

朋友七七如今已经升职加薪，最近还接到了她人生的第三部翻译书样书，向年少时成为知名翻译的目标一路狂奔。

有一天，我突然看到七七在朋友圈中发了一条动态。

我问她："不是关闭朋友圈了吗？"

她笑了:"朋友圈本不是毒,反而是一种渠道。当时觉得朋友圈有毒,是因为当时自己内心有毒,无法控制自己不去即时消除那些小红点或者数字。而如今,我已能掌控自己,是否刷新,在我一念之间。再开放又有何不可?"

朋友圈还是那个朋友圈,七七却已不再是那个七七。朋友圈依旧纷繁嘈杂,但七七,已经成了那个在荆棘丛中、嘈杂声音下,也能自顾自地向自己目标攀爬的姑娘。

那些你在死撑着的事情,就别对自己说是坚持了

01

最近,一个多年没有联系的小学同学加了我的微信,她是一个全职妈妈,说很想和我交流写文章的事情。

她第一次和我说话说了大半天,不断地给我发来时长达到一分钟的语音消息。从她的讲述中,我知道她很早就嫁给了一个土豪之子,从此在家相夫教子。但是她感觉自己与周遭环境格格不入,大家都是做豪门少奶奶,每天打牌、做美容、逛街,她却有自己的写作梦。

她说自己每天都在更新公众号的内容,并且经常写文章投稿,但是从来没有发表过。她的行为让包括她丈夫在内的人都不理解,大家都劝她别折腾了。

我听了她的话非常感动,毕竟现在写作真的是一个很需要热忱来支撑的活计。

我让她把公众号和那些投稿的文章都发给我看看,虽然帮不了太大的忙,但是应该可以给她提一些建议。

她很快就发过来了。

我看了几篇她公众号里的文章和投稿的文章以后,很想劝她说

"别折腾了,还是做豪门少奶奶,每天打牌、做美容、逛街吧"。

她写的文章不能叫文章,是日记,而且是乏味的日记。她的确每天都在更新公众号的内容,但是每天前半部分就是今天吃了什么菜、儿子去哪里玩了、女儿又对她说了什么;后半部分就是煮烂了的励志鸡汤,给自己鼓励,说坚持日日更新,说自己的未来不是梦……

每天都是这样,特别没营养。

这不是坚持,这是死撑。

坚持是你一直在做一件有意义的事情,也一定会收获成绩。

死撑是明明不想做又没意义的事情,你任性地要做,结果浪费自己时间也浪费别人时间。

像我同学所谓的坚持写作,她写的过程中没有快感,我看的时候更是感到乏味。

02

我小时候妈妈想把我打造成淑女,学了七年弹钢琴。

我一点儿也不喜欢弹钢琴,而且毫无天赋。每次上课我都要花费比别人多一倍的时间才能慢慢地消化所学的内容,而我这个后进生又浪费老师很多时间,让老师很不喜欢我。

我的第一个钢琴老师是个很温柔的女性,声音很好听。那时候我只有五岁,入门曲目是弹美国的《扬基歌》,一首两分多钟的歌,我弹了一上午都弹不好,硬是把温柔的老师搞得崩溃了,她偷偷地骂了句国骂,虽然很轻,但是我听到了。

后来我换了一个魔鬼老师(那个温柔的老师拒收我了),是我舅舅家的一个邻居。印象中好像我学弹钢琴都是在炎热的夏天,都是热得要融化了的时候还要骑车去学弹钢琴,那时候每天都盼望着下午老师说"你可以回家了"。真像一只出笼的小鸟,飞快地骑回家,喝一大碗冰豆浆,然后四肢叉开躺在地板上,就开始忧愁,心想要是可以永远这样多好,要是明天不用去练琴多好……

我至今都后悔我从来没有和妈妈说过我不想学了,哪怕是一次。

从第一堂课起,妈妈就和我强调,钢琴贵、学费贵,我必须要好好学。于是我诚惶诚恐、如履薄冰,连不想学了都不敢说出口,一直死撑着浪费更多的金钱与时间,还消耗自己的自信心。

没有天赋也不感兴趣的事情,就不要用"坚持"去欺骗自己了。每个人的时间有限、精力有限,不如趁早把这些时间和精力放到自己想做也更值得做的事情上去。

这时就别用"勤能补拙"来蒙蔽自己了,在你不擅长的事情上,比你有天赋、比你还勤奋的人大有人在。就像在高速公路上,你开一辆夏利车,尽管你铆足了马力,可就是追不上人家的玛莎拉蒂。

03

我已经多次表扬过自己,我属于自控力还可以的那一类人。每天都坚持做了好几件事情,譬如写作、学习英语以及健身。

如果你问我为什么要做这些,我会告诉你——一是喜欢;二是为了钱。

我写文章经常换稿费,给杂志投稿我都是按照稿费多少的顺序来投递。定期参加各种英语考试,因为我不太有安全感,很害怕自己失业,即使失业,我一定要找一份比现在更好的工作。当然了,没准儿我会主动跳槽。健身除了可以使自己拥有完美的曲线,还能让我少生病，生病了要花费很多钱。

每一个阶段我都会给自己做阶段小结，看自己的阶段性成果。评估自己与这些在做的事情，并将时间与精力根据成果做进一步的分配，确定下一步的目标。

我是个机械又刻板的女人，总是不断地给自己的人生做一份又一份的企划书，但是我喜欢这样。

所以我才有十足的动力去做这些事情，而且喜欢。而在坚持的过程中，我并不感到辛苦。

虽然早上叫醒我的还是闹钟，不是梦想。可是闹钟响了以后，我会想到梦想。我从来都不犹豫地就起床写文章，只要写起来，我头脑里的词语就开始不停地往外面蹦，我总是嫌弃自己的手不够快，因为它们跟不上我思维发散的速度。

"坚持"必须是个褒义词，而且坚持的后面一定要接正能量的话。坚持做有意义的事情，没有意义，坚持还有什么意义。人生苦短，还不如吃喝玩乐呢。

而那些你真正喜欢做或者擅长的事情，你会发现，并不需要你不断地给自己灌鸡汤提醒自己要坚持。就像从来没有谁每天给自己灌鸡汤说，今天一定要熬夜，一定要抵抗住饥饿与困意，好好坚持打《王者荣耀》。

别浪费时间，别强迫自己，上路以前，必须确认好方向和目的地再走。走错了路，越早回头越好。

你向别人倾诉的每一声苦,都在显示你有多脆弱

01

我是一个在社交上很怕被冷落的人,不喜欢一个人吃饭(不好点菜),而且一个人久了会自怜自伤,觉得自己很寂寞。

可是最近,我好想静静。

我每天除了吃饭、睡觉、写文章、跑步、学习,剩余的所有碎片时间,都要听我的朋友影儿诉苦。

影儿是个小富婆,精明能干。大学毕业以后自己继承了家族生意,主要是做布艺。我们几个朋友都一贫如洗,每次听影儿算账,都会觉得为什么她是计算器,为什么她能赚出那么多天文数字?

最开始认识影儿是因为她是我朋友赵小姐的发小。我有些迷信又喜欢占小便宜,当时听说影儿是一个可以算塔罗牌的神婆,关键是给朋友算免费。

结果算了塔罗牌没有多久,影儿就说觉得自己和我比较合得来,命盘也是这样显示的。

她每天都约我吃饭,吃饭的时候必定会向我诉苦。那时候觉得还能忍受,因为当时她家里发生了特别多的事,她是真的有苦要诉说。

02

影儿有个亲哥哥，心很大，有一阵子做生意亏了几百万，觉得也不是什么大数目的债务，反正不用他还。影儿要替哥哥还债，嫂子和哥哥就是同林鸟，哥哥欠债，嫂子离婚走人了。影儿的父母每天都因为她哥哥的事情唉声叹气、抹眼泪说要卖房子还债，这时候影儿的老公还出轨了。

她每天白天要看店做生意，又没有同事及其他的朋友，比我社交范围还窄。本来每天都找赵小姐诉苦，赵小姐正好听烦了的时候，发现有个傻子一直在说要找影儿给她算塔罗牌。

在赵小姐的引荐下，我一脸灿烂、生机勃勃地出现在了影儿面前，开始了听她诉苦的旅程。我刚和影儿熟稔不久，赵小姐谈恋爱了，每天你情我意。影儿还一脸忧伤地对我说，赵小姐谈恋爱以后，和她疏远了。我安慰她说，再好的朋友，特别是结婚以后，有了自己的小家庭，也会产生距离的。

有一次赵小姐看到我，一脸嬉皮笑脸地说："谢谢你替我当了影儿的安慰天使。她特别负能量，我特别受不了。"

我欲哭无泪，我就这样被影儿黏住了。影儿每天下午五点半左右把店里的生意打点完毕，锁上店门。然后就会拿出手机，呼唤我这个安慰她的小天使。

"亲爱的，你在哪儿？"

我之前还没有感觉到很大的负担，会告知她，我在吃饭。

影儿就会赶来和我一起吃饭，点很多的菜，再埋单。然后与我一起回家,或者建议我去散步,开始诉苦。

我感觉自己像被包养了一样,上面贴了个牌子——诉苦专用。特别是最近,影儿几乎掌握了我的日常作息表,我起床或者睡觉之前,都会收到她的电话或者微信。

03

我家里无处不是影儿买的东西,小到洗手液、盆栽,大到家用电器。她有一次晚上十点跑到我家楼下,说给我买了一块金子,让我下去取。

我崩溃了。我虽然脸皮厚但也知道廉耻,知道人情往来,我也得还她的礼,但是我又很穷,要是这样买来买去我会破产,于是我说:"求求你,不要再给我买任何东西了,我还不起。"

影儿说:"不不不,我不要你还。我这个人就是这样,认定一个人就是一个人,就忍不住对我的朋友好。"

"影儿,我告诉你,你要是再往我家搬东西,我就和你绝交!"

影儿讪讪地回去了。但是还没过三天,我在家里看《绝命毒师》的时候,门铃响了,我打开门后,看到一个黑面阿姨很凶地走进来,大手一挥,几个黑衣男子大步流星、一言不发地搬进来很多盆栽。

我一脸懵懂,突然看到门口还有个畏畏缩缩的影儿。她喃喃地告诉我:"我那天看你家的花长得不好,就买了几盆。家里花草必须旺盛,这样你运气才会好。"

"你买了几盆?"

"八盆。"

我又问带头的阿姨:"这盆兰草多少钱?"

阿姨回答得云淡风轻:"六百多吧。"

04

自从影儿无时无刻不问我"在干吗"以后,我突然意识到了时间的宝贵。经常就很想有一些时间,可以自己写写字、去书店看看书,或者看看电影,或者什么也不做,就在沙发上"北京瘫"。

影儿经常关了店就来找我,说:"你做你的,你想码字就码字,我在一旁自己看书。你去健身房跑步我在一边等你,等你跑完我们一起散步回家。"

可是这感觉很怪异啊,她像我的看护,我像一个巨婴。而且所谓的散步回家,就是她的诉苦时间。

有一天我跑步崴脚了,告诉影儿,我要休息几天。她问我怎么了,我说我崴脚了,她"哦"了一声。

半小时以后她出现在我面前,还带了很多药,并且说要每天接送我去看医生。

我真的很感动,但是,在接送我看医生、给我送药的这些时间内,我又必须无条件地听她诉苦。没想到这世界上除了要钱的绑架、道德绑架,还有这种诉苦绑架。

05

有一阵子,我也认真地想了想,为什么影儿热衷向我诉苦,为什么影儿这么孤独没朋友?除了她社交范围特别窄,还因为她太没有安全感,更重要的是,她看起来太脆弱了。

其实人不喜欢和太脆弱的人交朋友。而你向别人诉说的每一句苦,都是在告诉别人你有多脆弱。

《红楼梦》中有一个特别喜欢向人诉苦的赵姨娘,她经常说的就是"我们娘儿们跟得上这屋里哪一个!也不是有了宝玉,竟是得了活龙……"

诉苦的人,大多是为了得到安慰,平复心里的委屈。像赵姨娘,却不仅没有得到心灵的慰藉,反而更加恼怒与仇恨,甚至被人利用,想去害人。更可怜的是,她从不吸取教训,一直我行我素,见谁就向谁诉苦。她曾向马道破诉苦,结果被利用了去害人,导致被贾母恶骂了一顿;后来有一次又遇到藕官的干娘夏婆子,向她诉苦,被煽风点火后跑去怡红院大闹,结果被那些丫头们围住一顿暴打,不仅受了皮肉之苦,还丢了姨娘的脸面。

赵姨娘的悲哀,在于她选错了倾诉对象,结果总是被利用、被伤害。

当然我的朋友影儿和赵姨娘并不一样。但是,赵姨娘年轻的时候,应该也不是那个爱诉苦的赵姨娘。影儿的诉苦对象,也不会一直都是我。

不是每个人都愿意听你诉苦,也不是每个人都值得你去诉苦。

爱你的人，能理解你的苦，抚慰你的伤；不爱你的人，你的苦，会被嘲讽、被利用，你的苦水与泪水，甚至会成为他们的心灵鸡汤。

真人秀节目《花儿与少年》中说，胸怀是用委屈撑大的。我们不轻易地向别人诉苦，不遇人就袒露自己的伤心、难过、愤怒与脆弱。每一次诉苦，你的烦恼就要在头脑中回放一次，负面情绪就像滚雪球一样在这个过程中越聚越多。倒不如把这些让自己不开心的时间用来做其他自己想做的事情，收获身心愉悦的同时让自己变得更勇敢、豁达、明智，更有魅力。

你有没有突如其来地想要改变现状

01

前几天和我的朋友雅雅聊天儿,她刚刚从广州回来。我很惊讶:"没听说过你要去广州啊!"

她略停顿了一下,笑了:"不知道为什么,突然很烦。看谁都觉得不顺眼,然后把手机关机,坐了一趟绿皮列车就过去了。"

我呆呆地看着她,觉得我面前的朋友,是"假"的雅雅。雅雅一直都是"别人家的孩子",一直品学兼优地茁壮成长,考上名牌大学,毕业以后就回到家乡,听妈妈的话考取了公务员,现在是副镇长。我常常笑,听起来就是"老女人"的官衔,同辈人都觉得有些傻,父辈人却觉得很厉害的样子。

"那你现在呢?"

"被骂了呗,随后就是继续上班,加班、写材料、接待来访群众。"

雅雅平静地看着我,其实她的苦我真的懂。所谓副镇长,其实就是基层工作人员,每天的工作有多烦琐、多复杂、多无奈、多辛酸,只有自己知道。

每一次听到同龄人说在大城市月收入不菲,下班以后去健身房健身,在地铁上用 kindle 看了什么书很有感触,哪怕是去星巴克装装样子,总之一些生活中习以为常的细节,都会让雅雅羡慕不已。

雅雅所在的小镇镇政府,基本没有下班的概念,下班的时间不是在写材料,就是在宿舍。宿舍就在工作楼的后边,曾经有一次深夜两点,雅雅还被书记敲门,让她马上起来写材料。

每天青灯对着电脑,雅雅觉得自己像一个尼姑。

于是那一天她爆发了。她一个人在宿舍喝了两瓶啤酒,然后打了辞职报告,最后并没有打印出来交上去,只是关了手机睡了一大觉。

醒了以后,雅雅突然捯饬了自己一番,浓妆艳抹地坐上了一趟南下的列车。后果是什么,她不知道也不想知道。因为计划太突然,雅雅只买到了一张硬座车票。夜深了,雅雅的好奇心与戒备心逐渐被疲惫打败,她睡着了,晃晃悠悠、迷迷糊糊,待她再睁眼的时候,看到天空已经是鱼肚白色,上面划过了几架闪烁的飞机,不远处一排排压抑的高楼离她越来越近,耳边响起一串串流利的粤语,她再去问乘务员,对方明确地告知她,到广州了。

02

雅雅略做了一番整理,就在下车以后开始了不要命的暴走。她一个人去坐了珠江游轮,游览了中山大学,还顺便逛了一下高大上的太古汇,吃了一些小吃。

她累得走不动的时候,已经走到了广州塔下的公园,她坐在珠江边发了很久的呆,最后把手机开机,来电提醒和微信消息一下子轰炸得手机死机。她再把手机开机,平静地看完每一条消息。随后,她回来了。

好像心里有个旁白说:"于是,她的生活重新步入了正轨。"

从广州回来以后,雅雅受到了严厉的批评,但是仅此而已。好像也怕她这头人畜无害的小黄牛再次出走,再也没有人提起这件事,就像吃饭、睡觉、打豆豆一样,雅雅重新开始了工作、工作再工作的生活。

我听雅雅说完她的故事,突然想起刘瑜的一篇文章叫《非正式疯狂》,里面有写到,有一位女演员总是恐惧自己会突然失控,做出特别疯狂的事情来。比如有一次参加奥斯卡颁奖典礼,坐在观众席中,她突然想大喊一声"薄荷",这个高呼"薄荷"的念头如此可怕,以至于她身上都憋出汗来了。然后她说:"如果我做了,那么我就是 officially mad。"想想吧,多可怕啊,officially mad 和 unofficially mad 之间就隔着一个小小的词——薄荷。

刘瑜看到那里非常恐惧,想起了自己经常有的那些"薄荷时刻"。她开会的时候想过要尖叫,在大街上走路时想过要裸奔,深夜会突然想给别人打电话说"你借我一颗精子吧",甚至想伪造自己的死亡去某个小镇当售货员等。只是最后她没有这样做,她像铁丝网隔绝住猛兽一样,控制了这些突如其来的疯狂。

03

我小时候有一个邻居阿姨,我叫她吴姨。吴姨有一次和她老公曾叔叔闹矛盾了,我妈还把吴姨叫到家里来做工作,我也偷听到了她的一些诉说。

吴姨说有一次单位组织去南京培训,她一个人去爬中山陵的时候遇到一个帅哥,她和那个帅哥一起爬了上去,对方对她嘘寒问暖、贴心有加，竟然让她心动不已。最后他们依依惜别，帅哥还给了她一张小纸条，上面有他的电话号码，他说，可以随时联系他，去找他。

　　吴姨回家以后照旧过日子，有一天曾叔叔又把袜子乱丢在洗脸盆里，她突然受不了了，和曾叔叔大吵了一架。谁知曾叔叔拿出了南京帅哥说事，没想到他竟然知道。他还看到了他们的合影，还有那张留了电话的小纸条。他们吵了几天几夜，吵到我家殃及我妈被迫当知心大姐。我妈那时问吴姨："你打过那个电话吗？"

　　吴姨说："想过要打，但最终没有打。"

　　经常一冲动想打那个电话，应该也是吴姨的"薄荷时刻"，可是最后她并没有拨打。她用铁丝网牢牢勒住自己那颗想奔出来的心，勒到出血、疼痛，勒到别人都知她不自知，直到曾叔叔旧事重提和她吵架。

　　最后我妈和我爸把曾叔叔也叫到我家，拿出我家电话按了免提拨打那个他们之间的"心魔"号码，结果却啼笑皆非。那边有个女声温柔地说："您所拨打的号码是空号。"

04

　　很多人都喜欢说，自己心中有两个小人儿——一个正义，一个邪恶。

　　正义的小人儿仁义道德，每天都说要上进、要努力、要积极向上。邪恶的小人儿永远那么贴心——努力是不错，可是不努力真的好舒服，我好喜欢虚度年华。于是，有时候你会没来由地想在一个正式场合尖叫一声，开会的时候想把资料撒满全场，想关掉广场舞大妈的音响，想去偷一块你明明买得起的巧克力，就想没来由地做一个超龄的"熊孩子"。

在"熊孩子"的那个年龄段,我们各种捣乱,那时邪恶小人儿经常得逞,只是慢慢地通过父母和老师,还有社会,邪恶小人儿每次得胜都被痛扁,慢慢就消失不见了,正义的小人儿大行其道,我们也慢慢长大,棱角磨平变成一个所谓的大人。

你每天早上起床补充能量,坐上各种运输工具被输送到各自的车间从事计件的廉价的劳动,晚上回来补充能量,第二天继续劳动。

可是你不甘心过这样平庸的生活,那个消失的小人儿在你的心里若隐若现,时不时跳出来让你热血一下,这时候你会发现,原来,他一直在你心里,从未消失。他只是被关进了小黑屋,每当他冲击牢笼,你就会有一种莫名的冲动。你知道这样不好,真的不好,于是你会一遍一遍地关紧他,让他屏住呼吸,向内生长。

所以,如果你突然有个自己都觉得疯狂的想法,那是你邪恶的小人儿在冲击他的小黑屋。你不妨回应他,适当地满足他。因为,或许你做了,最后发现并没有什么大不了的;如果你一直囚禁着他,或许,某天他突然越狱了,你的"正式疯狂"会让你自己都无法接受。

愿你是别人的公主，也是自己的女王

PART 05

人生是一场
华丽的逆袭

愿你尽你所能，成为潇洒之人

01

申申是我在泰国拜县旅游时偶遇的姑娘。我们同坐一辆迷你小巴回清迈，她上车的时候对我一笑，让我如沐春风。我以为她是中国人，理所当然地和她说中文，恰巧她接了电话，之前我也没留意，突然听到她说了一句很大声的韩语。

原来申申是个韩国女孩儿，她一个人来拜县旅游。我们是由六个人组成的一个小团体，同行中的几个男孩子开始议论她。他们先是议论她的美，随后又惊讶地发现，她的右腿、胳膊都摔坏了，手机屏幕已经成了一张蜘蛛网。我想起了拜县凶险的盘山路，她大概是孤身一人骑马力较大的摩托车摔的吧。男生们都说她胆子很大，我们几个女生都觉得她太潇洒了。

一个妙龄女子骑着一辆摩托车穿行在如画一般的拜县乡村公路中，有几分孤身走天涯的味道。加上申申长相清秀，长手长腿又有很好的衣品，分分钟被她惊艳到。从那时候起我就成了申申的小迷妹，随后也一直保持着联系，知道了更多她的故事。

申申很小的时候父母就离婚了，母亲嫁给了一个韩国财阀之子。

真的不是拍韩剧，倒有些像电影的情节。她母亲改嫁以后并不幸福，申申很小的时候就被孤身送到了意大利。她说她的意大利语比韩语说得还流利，尤其是骂人的词，可以骂一百种不重样。加上前前后后在学校学的，她会六种语言，还有重型机车的驾驶证，一头飞扬的短发和秀气的五官形成很大的反差，我当场要拜她一声"申哥"。

02

申申的妈妈和财阀之子本来是青梅竹马，随后因为身份的差别天各一方。几年以后，他们冲破身边的阻碍重新在一起，申申却成了其中的累赘之一。美好的爱情中总是有阻碍的力量，申申没有力量不成为这种阻碍。

即便很小就被送走，可是她的妈妈依旧不幸福。申申有一百种理由变得更不幸福，但是她选择了让自己幸福的方式。虽然在米兰读书不能时常回国，偶尔想念妈妈打个电话回家却因为妈妈的冷漠不知道该说什么。看似风光的一段段旅途，却曾在德国山区错过凌晨回程的车，在拜县摔断腿。有过用矿泉水简单冲洗伤口的时候，还曾独自向一个个过往的行人求救，但我们看到的申申，依旧笑靥如花。

讲故事的人从来都只挑有趣的部分，生活中的姑娘，谁没有个起起伏伏或者郁闷无趣的时候？你所做的无非是用最大的勇气，过你想要的生活。这么想着，申申都认为自己下一秒钟可以看到更多有趣的事，从不为这一秒钟忧虑迟疑。

申申的人生与我们大部分人不同。或许你我人生中，追求不尽相同。你想成为学霸日夜做题，你身为财迷要尽时赚钱，抑或你是女汉子要健身度日,也可能你是软妹子只想和男朋友你情我意、天天见面。

都没有错,只要你在做的,是尽你最大的勇气,过你最想要的生活。

03

学姐楚楚曾经人如其名,楚楚动人,和男朋友走在学校时就是行走的画报。她毕业的时候,我曾送她回家,她和我说过的话让我至今记忆犹新。她说自己的人生要自己做主,对于未来她有清楚的认知,她要和男朋友分手,回家去结婚。

她曾说:"结婚不同于恋爱,恋爱要找我爱的人,结婚找爱我的人。"

那是我最后一次见她,不久后听说,她在家乡闪婚了,对方年长她很多且暗恋她多年。

曾以为她这种有清晰的人生规划的人,日后一定过上了她想要的生活。殊不知,几年后她黯然离婚,而且,离得很难看。据说她嫁给了那个男人以后,她看不上他又费尽心思与力气地想要打造他,几年的时间过去了,她终于把丈夫从一个比较丑的男人打造成了一个又老又丑的男人。并且,他还出轨了,出轨对象是一个不美但是年轻的女人。

而此时的她,也已全无灵气,走在街上与一个婚姻生活不幸福的中年女人无异,祥林嫂一般地诉说当年她那一无所有的丈夫,是如何死皮赖脸地追求她的。

或许我们很多人都是楚楚。不是每个人都可以成为理想中的自己，但你应该问问自己，有没有踏踏实实地做自己，并且乐在其中。你没有让那些打压、歧视、猜忌、评判、冷嘲热讽让自己不自信、害怕、怀疑自己到底是不是做错了，让你活得如此身不由己或该就此认命。

04

很多人能想到的洒脱女性，当属香港著名制片人施南生。最近，柏林电影节给施南生颁发了柏林电影节摄影奖，类似终身成就奖，而施南生是首位获此奖的女制片人。

一提起施南生，大家都惊叹不已。从20世纪70年代起，向来以刻薄著称的女作家亦舒便在专栏里数十年如一日地夸她"有型、叻（粤语聪明之意）、威（粤语有魄力之意）、表达能力太好、幽默感丰富"。年轻的黄霑一见到她就逗她："小姑娘，你可要做我女朋友？"倪匡会扮武大郎逗心中的女神开心："论情商与智商，她都比我高，我败得心服口服，索性把身段放到最低。"商台创办人何佐芝早早地定义："一言以蔽之，全才。"眼高于顶的黄子华亦说："像施南生这样成熟而充满生命力的女人，对我具有相当的吸引力。"

在柏林电影节领奖时，施南生感谢所有的电影从业人员，亦感谢前夫和长期搭档徐克。

接受失去，不出恶言，全身而退，不能做爱人，做拍档和知己也不错。这种胸怀，让相伴三十年的男人，可以当着全天下人的面说甜言蜜语："你永远是最好的女人。"这也是亦舒女郎的逻辑，当不能爱了时，还能剩下尊重，倒也不算最差。

香港著名财经作家梁凤仪给潇洒女人下了定义：有十种情况，

做到其中的八种即可称得上是潇洒。这十种情况是：只记大数目的钱，不拘泥于小钱；选用名牌贵价货，不着意挑那些牌子外露的款式来买；听了有关自己和别人的是非，一笑置之；遇上旧情人，心无所动；知道情敌倒霉，毫无幸灾乐祸之心；儿子爱老婆和老公疼老母，有甚于自己时，毫不介怀；同辈女友出人头地，率先鼓掌；施恩之后压根儿不再记住；遇困难时不叽呱鬼叫以示埋怨；失败之后，在下一分钟立即重新参战。

你温柔地看待这个世界。你开心地笑、畅快地哭，不矫揉造作、不钩心斗角。用一句话总结，你应当拿得起、放得下。

给你一片森林,还你一个春天

01

三十岁那年,林秋天自认为还年轻。可是家人天天逼婚,爸妈每天都求她去祸害其他人,不要再继续祸害他们了。

林秋天变成了一个祥林嫂,逢人就说这事,并被逼一个星期去相亲两次。曾经她也质疑自己是不是标准过高,但只要在相亲时一起吃饭的时候,她就问自己:"你可以接受一辈子都看这个男人吃饭吗?"

几乎就要站起来暴走:"绝不!"吼声要从心中呼之欲出。

在林秋天第101次提自己要被赶出家门的时候,她的蓝颜舒小乙终于受不了了,他说:"得了,你说得这么凄惨,我收了你吧。"

林秋天和舒小乙认识了十多年。说起来还挺好笑的,虽然现在她看舒小乙就是一个吃货,可是刚上大学的时候,她曾经以为他是自己的男神,因为他皮相还不错。在他们不熟的那段时间,她每次看到他都会小心翼翼的,生怕他一回头看到她,觉得她不完美。

为此,她曾经很努力地学英语、减肥等,就为了让自己变得更好。但是这男神跌落神坛的速度有点儿快。

大二的时候,舒小乙去美国做交换生一年。林秋天曾经还因为男神去了异国他乡黯然神伤,辗转千山万水,终于加了他的QQ,后来还和他聊了起来。在他快回国的时候,她满心欢喜地说:"我请你吃饭,欢迎你回国啊?"

他说:"好好好,我一定要吃一家火辣辣的、热辣辣的湘菜。"

想起那时候为了迎接男神,林秋天流转于城市的大街小巷,终于找到了一家老乡开的湘菜馆。待他一回来,领了过去。老板认识了她,看到她还带了人来,免费送了他们一道菜。

他们点了足够两个人吃的菜,她当时也不饿,但她却被他吃饭的样子震惊了。有一道菜是野山椒牛肉,味道很好,很下饭。他狼吞虎咽地吃完了他的那碗饭,她就客气说:"我一个人吃不了一碗饭,有半碗饭没沾上菜汁还是干净的。"

结果他"嗖"地拿起她的碗,说:"什么干净不干净的,你哪有不干净的。"

然后他就把她没吃过的那半碗饭拨走了,后来她剩下的那半碗饭也没怎么吃,因为他又把她吃剩的给拨走了,餐馆老板都在旁边看得哈哈大笑。没有几个人能忍受一个第一次正式认识的人就吃沾着别人唾沫星子的饭,而且是在对方还没有完全吃饱的时候就拿走人家的饭……

她马上把他从男神自动下架,变成男吃货。并偷偷地和同寝室的女生说,虽然此吃货吃起饭来非常难看,但是平时皮相俱佳,欢迎洽谈接盘事宜。

可是时间兜兜转转,虽然林秋天平时看到舒小乙总是抢她的肉吃,恨不得打死他,但又需要他这个情绪垃圾桶。所以当他说可以收留她的时候,还一时兴起,说:"要不我们结婚吧。"

她当时一定是被逼得昏了头,竟然也觉得未尝不可。很多人都说,如果到了一定的岁数身旁还是没有那个TA,那么,我们就在一起吧。

主要是她实在太穷了,如果被爸妈从家里赶出去,付不起房租和伙食费啊!

02

没结过婚的人,总把结婚这事想得太简单了。林秋天和舒小乙火速领了结婚证,忽悠家里人说暂时不举行婚礼。

林秋天打算等自己存够了交房租的押金,就和舒小乙离婚。

结果她妈妈检验了结婚证后,对皮相俱佳的舒小乙表示满意,随后就把她踢了出来,说结婚了就该和老公住,让她去住舒小乙的猪圈,她简直要疯了。

林秋天和舒小乙"约法三章":他们是同居密友的关系,他如果要带那些妖艳贱货回来,不可以太晚;不可以穿大裤衩、打赤膊在家里晃悠;互不干涉私生活。

舒小乙嬉皮笑脸地说:"遵命,老婆。"

但是,和舒小乙一起住还是很开心的,除了第一天他说被她卸妆和戴框架眼镜的丑样子吓到了,这么多年没看已经不适应了,然后她用武力镇压了他。三十年了,才知道没有老妈的唠叨和宵禁的生活是这么爽!虽然他经常破坏规则,早上打着赤膊、不锁门上厕所很烦。他们经常晚上一起吃火锅、喝啤酒,然后一起看部电影,互相讨论、争辩。

有一次林秋天早上起来在刷牙,听到舒小乙在打电话,突然很大的一声:"妈!"

林秋天突然被镇住了,随后看到舒小乙走出来,他的眼圈红红的。

林秋天知道舒小乙的原生家庭很不好,他五岁的时候父母离婚了,随后爸爸成功地当了暴发户,找了一个很年轻的后妈,还给他生了弟弟和妹妹,而他妈妈也已另行成家。

其实大部分人都是喜欢抱团取暖的,只是有的人落了单。

大约在冬季,林秋天和舒小乙变成了"患难夫妻"。他生病了,得了肾积水。请假在家,曾经希望他妈妈过来照顾他,可是他妈妈说她走不开。而林秋天是个今朝有酒今朝醉的主儿,从来不留钱,因此才需要和舒小乙假结婚。而且他俩还都特别能吃。

"吃应该是最廉价的获取幸福的方式吧?"有一次林秋天和舒小乙吃完饭,他突然很认真地问她。

那时候他们都挺穷的,他的医保报销还没下来,不知道可以拿到多少钱。她也不敢和家里提他生病的事情,她每天下班后都会走到熙熙攘攘的菜市场,买上几块豆腐,煎酿豆腐再送到医院给他吃。因为他需要补充蛋白质,可怜她真的囊中羞涩。虽然他说,自己从小就爱吃豆腐。

有一次林秋天在煎豆腐的时候,突然感觉有人从后面抱住自己。舒小乙已经变得很瘦,脸上有胡楂儿。他一只手抱着她,一只手抚摩她的脸说:"辛苦你了,老婆,感谢你这段时间给我的这个家。"

她突然也有一种想要大哭的冲动,可是苦情从来都不是他们之间的戏份儿。她和舒小乙其实都属于一类人,一直以来,他们都很怕谁会成为谁的包袱,并且假装把这种害怕、嫌弃的情绪称为自尊。

03

  林秋天去医院咨询了舒小乙的病,得知他快好了以后,回家的路上,她再次路过这段时间以来几乎每天都经过的菜市场,卖豆腐的大姐朝她微笑,她回以微笑后径直离去,她只想买齐菜市场里所有的肉。

  回到家,家里竟然有火锅的香味。舒小乙又在捣弄火锅了,看到她提了种类繁多的肉回来,他开心得像个孩子。

  他们还开了一瓶红酒。碰杯的时候,她听到自己声音清晰地说:"离婚快乐!我的老公,以后我们每年都过离婚纪念日,好不好?"

  舒小乙抢着吃了好几大块刚刚烫熟的牛肉,对林秋天说:"好,终于可以放弃你这一棵树木了,我要去奔往我的整片森林了。"

  "滚!"她挤开他,努力抢牛肉吃。

  "不过合法婚姻这么久,可否在离婚前夕,让我好好行使一番法律赋予我的丈夫的权利?"她挤开了他,大口吃火锅里烫熟的毛肚。他也恢复了自己原本贱兮兮的面目。

  "啊呸,本宫赐你一丈红!"她吐了他一身的红酒。

  "嘿,对了,这么穷的你,有钱吗?你租好房子了吗?"他突然很严肃地问她。

  这真是个问题!当天晚上,她一直在思量这个问题,突然听到客厅里"啊"的一声惨叫。她走出去一看,看到他弯着腰猫在橱柜下边,用手捂着头,血从他手指缝隙间渗透出来。

  他看着她,无比委屈地撇嘴说:"饿了,想煮面吃。"她给他简单包扎以后,他又说,"你先住这边吧,我回去上班,单位有宿舍住。等你找好了房子,再搬出去就可以。"

空气中有一种非常孤寂的静谧,他们似乎彼此尴尬了。从互相打击取乐突然变成了互相同情,他们不适应了。如果没有爱情,显然不能相濡以沫。

和舒小乙分开一段日子以后,有一天林秋天很意外地接到了他的主治医生打来的电话。她刚开始很担心是舒小乙的身体有了新问题,得知自己的担心是多余的之后,她放心地去医院了。

医生姓曾,和他们年纪差不多。他说与他们是校友,和舒小乙在学校的时候就认识。但是林秋天并不认识他。

曾医生很热情,总称呼舒小乙为"哥",他说:"我哥是个情圣,又胆小,小手术也怕死,原来因为嫂子这么漂亮。"说完,他递给我一个小本子。

"这是什么?"

"保险啊,他给你买的。万一他真的死了,你可以得到一大笔赔偿金。"

林秋天突然感到啼笑皆非。回家的路上,她仔细想了想,所谓"蓝颜"大概有四种可能的关系:一是男的、女的都特别丑,丑到孤独得需要互相抱团安慰;二是谁是谁的备胎;三是一方同化了另一方;四是一直被人怀疑、被人反复论证的——真正的友谊。

他们似乎都不是。

他们曾在阳台上喝酒、通宵聊天儿;一起合作打游戏,结果技能都很差,最后一起垂头丧气地走出网吧;也有过温馨的时候,比如她工作陷入低谷期他也不笑话她,安静地陪她荡秋千;早上六点,平时起床困难户的他暴风起床匆忙地跑去街头给她买过她爱吃的油条;他们的蜜月,是坐着摇摇晃晃、慢慢悠悠的绿皮火车,在满是方便面调料包、汗馊味的车厢里边吃盒饭边聊诗与远方；还曾在凌晨四点路遇大雪无法打车回家而互相搀扶着走路回家。

他们经常毒舌地讽刺对方，经常吵架，基本对任何事情都会持不同的看法，但只有一件事情两个人会异口同声，就是不愿意承认他们之间可能有爱情。

这一点，他们都太怕输。

回到办公室，突然发现自己的办公桌已经被人围观。有个快递小哥，一直不停地往她桌子上堆一盆又一盆的多肉植物，堆得她的桌子上已经密密麻麻。

她也不知道怎么回事，正想着，手机响了。

"送给你一片微缩版的森林，从此，我只有你。"从来都被她笑话不会浪漫、只会吃的舒小乙竟然边打电话边出现在她们的办公室，他手持鲜花，将花送给她，还说，"除了森林，还送给你一个春天。"

我不是让你成为"强硬"的姑娘

01

闺密小麦最近去相亲了。

本来想看能不能努力一把,争取在七夕之前成功脱单。可是相亲回来以后,小麦说,宁肯再吃一吨的狗粮,也不愿意再去相亲尬聊。

小麦的相亲对象是她二姨妈的小姑子给她介绍的,相亲对象本身就是这种不太熟的亲戚的同事,又不能太不给面子。听说小伙子长得一表人才,工作稳定,在本市有房有车,刚见面时,小麦也觉得对方安静的时候不错。

但是,一开口说话就露馅儿了。

小麦刚到,小伙子就开始用书面语赞美她,譬如说她美得像是从画中走出来的人……

而待小麦坐定,画风突变,秒变《刑事侦缉档案》。

"你是本地人吗?"

"你在哪里上的大学?"

"你大学学的什么专业?"

"你工作以后一直在这家公司吗？"

"你平时喜欢做什么呢？"

……

一连串的审问几乎让小麦透不过气来，心想：我又不办假证，问这么细，还会不会要族谱呢？

02

细细问过情况以后，点餐的时候，画风又变了——对方突然化身霸道总裁。

"你吃点儿西蓝花吧，对女孩子好。"

食肉族小麦弱弱地说："我想吃肉。"

"女孩子吃肉会变胖的哦！多吃粗粮吧，对身体好，尤其能有效地改善消化系统。"

突如其来的逾界关心让小麦起了一身鸡皮疙瘩，并且持续尬聊让她恨不得找个地缝儿钻进去。

"你会做菜吗？"

"不会。"

"那你得学了。"

"为什么呀？"

"因为我也不会呀，傻瓜。"

小麦说当时都没有忍住自己的白眼，他不会做菜与自己不会有什么关系？她又不是他的妈妈！

吃饭吃到一半，难得沉默起来，小伙子突然非要给她点一杯饮料。小麦说不用了，对方依旧坚持要点。拉锯战持续了几回合以后，才道出实情,刚刚想起来,他有此餐厅的饮料券,再不用就要过期了……

最后是小麦诚恳地对他说:"我们就安静地吃完这顿饭,先吃完的一方就玩玩手机吧……"

明明都是很诚恳的态度,在外貌达标的情况下,本着认真沟通的原则认真聊天儿,但还是成了一场死撑的尬聊并且强行结束进度条,真的很绝望啊!

03

尬聊不但无法达到目的,而且非常浪费时间,造成的后果就是让人感觉很沮丧。

那么,该如何有效地避免尬聊呢?

其实认真追溯总结,尬聊还是有迹可循的。

首先,认清聊天儿对象的身份。刚刚认识的人,就不要问太多的私人问题,因为刚刚认识的人,正确的聊天儿方式就是礼貌地打招呼。

其次,话题不要越界。比如相亲对象就不要以对方未来老公或老婆的身份自居。可以吐槽,但是要分清对象。不要吐槽对方所在的行业以及对方的亲属、熟人等。曾经遇到过刚认识的人疯狂吐槽我所在的公司,当时气氛也是很尴尬。

再次,不要死磕。你是来相亲的,不是来参加辩论会的。不要总是说对方错了,也不要总咬住一个话题不放,不要给对方进行冷门知识专业科普,也不要讲很难领会到笑点的冷笑话。

尬聊的情况还有很多,譬如过分地炫耀,总说自己家底丰厚、和多优秀的人是朋友,或者负能量爆棚,一直抱怨和吐槽等,都会让聊天儿变得很尴尬。

不要以为别人总有一段时间是专门为你准备的,任何关系都需要培养和维系,而这种培养和维系不仅讲究技巧,更重要的是态度,不论聊天儿的目的是什么,都请记得把对方放在心上。

04

如果不幸进入了熟悉的尬聊场景,又该如何破冰呢?

总体原则是:有风度、有分寸、有幽默感。

刚认识的人不要自来熟,发起话题发现对方不愿意多聊时,适当地表达歉意,迅速转移话题。

即使一个话题很有得聊,也要注意分寸,不能随便开玩笑。有很多这种情况,两个人明明聊得很开心,突然有人开了个玩笑,对方马上感觉"你是谁啊,凭什么这么说我"。自卫心理一旦出来,立马进入防御状态,于是美好的聊天儿情景变成了尬聊。

此时,应该展现幽默感,勇于自嘲。

虽然这是一个看脸的时代,但是风度在任何时代都很吃香。前一阵子有句话很流行——好看的皮囊很多,有趣的灵魂太少。

而"有趣的灵魂"更是破冰尬聊的不二法宝。但是有趣并不是尖酸刻薄地去打趣别人、嘲笑别人,那是嘴贱。

真正的幽默是让谈话双方都感到愉悦,并且展现自己应对陌生环境和陌生人的适应度和亲和力。

而且,要用正确的态度去面对尬聊。有时候,尬聊是我们生活中不得不去经历的一件事情,不可避免地总要遇到。这个时候也不用强撑进度条,不如礼貌地表示自己临时有事,好好与对方告别就好。

毕竟,有的人是上帝派来爱你的,有的人是来给你上课的。

愿我们的忍受都是因为爱,而不是因为生活

01

去年看了一部少女心炸裂的韩剧,叫《W-两个世界》。

美男李钟硕是女主角韩孝周画出来的老公。少年闲时,因为讨厌自己爸爸的一些习性,画出了一个自己理想中的男人,除了帅、有钱,还有钢铁般的意志力……

后来女主角竟然穿越到了漫画世界,和自己画出来的老公相遇、相恋,还结婚了。

反正看《W-两个世界》的时候,我的少女心炸裂了,除了因为李钟硕的旷世美颜,还因为他是女主角画出来的完美老公,完全没有我们讨厌的那些"臭男人"的习性。

还有一部几年前的韩剧《秘密花园》,男、女主角灵魂互换了。有一次贫穷替身演员的女主角和富二代、高智商、毒舌的男主角互换灵魂后,被男主角的妈妈找到了,谈分手条件。

富婆妈妈用鼻孔打量了一下灵魂是自己儿子的女主角,很快就老套地给她一个信封,条件当然是离开。

老套的剧情应该是看都不看就撕掉信封,新派的剧情是拿了说

"谢谢"。可是我们不按常理出牌的女主角竟然是拿了信封淡定地打开看了,然后问道:"这么少,是月供?"

感谢她,竟然发明了用分手费做月供的新模式。

02

据说 20 世纪的难题是,女人能不能为了钱离开男人?

这个世纪的难题是,女人为了多少钱才会离开男人,或者是倒贴多少钱可以送走?

每次和闺密聚会,最后都会成为吐槽大会。好像打麻将四个人手气都不好,钱都被打鸟的鬼赚走了。

我们都疑惑的问题是,世界上真的有极品好男人——传说中的二十四孝老公吗?

或者真的是物以类聚,人以群分?我们都是一群渣女,然后找了一群渣男?

可是同志们啊,真心地提一个问题,我们渣渣都汇聚在此,你们所在的地区安宁了吗?

我身边几乎就没有完美老公。每次我们吐槽自己的老公,都有开奇葩大会的感觉。

闺密小敏婚前是个元气少女,活力四射,每天健身、逛街、购物,有空就走遍祖国的大好河山。

现在的小敏身材臃肿、神情倦怠,和我们出来玩的机会也很少,偶尔出来几次还要忍受催她回去的夺命连环 call。

曾经我们姐妹淘组团去找了一个大师算命。算婚姻、算爱情、算命运,算到小嘉的时候,大家集体尴尬了。

大师一看小嘉的八字，就说，此人要结两次婚。

当时小敏、小嘉大婚在即，很久才听到小敏幽幽地说："我是第二个……"

原来小嘉之前有过婚史，但是小敏也是在不久前才知道。隐瞒婚史事件后，大家对小嘉印象都不好，婚后愈加……

他不工作，又看不上别人的工作，总说几千块钱的工作不做也罢。每天在家炒股、打球、收快递，小敏生了儿子以后，他还多了一项业务——打《王者荣耀》。

03

记得在知乎上看到过一个问题，叫"婚姻能否让人快乐"。

知乎的大神们永远都是用数据炫技，答主多角度、多数据分析，大概是幸福感、生活满意度和关系满意度。

结论：幸福感蜜月期会上升，随后下降到和单身时期差不多，生活满意度和关系满意度也会随着蜜月期的结束而迅速下降。

简而言之，即女性进入婚姻后大部分是失望的。

所以中国太太看到"日本女星丈夫每月给十一万零花钱不归家"这样的新闻，心里才会涌现出各种羡慕嫉妒恨。

我写文章的时候就知道，一定会有直男和"炫夫派"说我举例片面、充满了负能量，好男人要靠夸，好丈夫要靠"驯"等。

所以，要夸奖驯兽有方吗？

可是我妈妈生我出来，不是为了一辈子都在马戏团上班呀！

04

我喜欢苏心写的那篇文章——《谁的婚姻不委屈？》

那才是写实的文章。

大部分女性结婚后，都想过"唉，好失望，婚姻竟然是这样的，还不如我一个人过呢"。

可是，为什么还有那么多人要结婚？

余春娇为什么要嫁给自私、幼稚、爱玩的张志明？

答案是——因为爱。

爱情就是不知道这个人到底有什么好，却仍然喜欢到不可自拔。这也是我们要结婚，结婚以后还忍受着对方的唯一理由。

因为爱，我们包容着，只是忍不住吐槽。而真正不爱了，估计也懒得吐槽了，哀莫大于心死。

至于努力赚钱、每天开心，是我们自己的事情，与男人有没有钱、有没有爱无关。有的精彩，只能一个人欣赏。真正强大的姑娘都雌雄同体，男人从来都不是必需品而是调味品。喜欢的时候，一起开心、一起玩耍，甚至一起争吵。不喜欢的时候，可能一言不发甚至一言不合就转身走掉。

愿我们都有随时转身离去的能力，愿我们的忍受都是因为爱，而不是因为生活。

我们终将变成彼此的唯一

01

陆阅在婚礼当天感觉自己被骗了。因为酒店临时通知更换敬酒服的房间发生了变动,他去化妆间找新娘苏莹拿要换的门禁卡,门虚掩着,他敲了一下,里面没人吭声,推门而入,看到新娘苏莹和伴娘谭津津在聊天儿。

苏莹漫不经心地转着大了半圈的婚戒,说:"这年头,谁还嫁给爱情。陆阅吧,自己没钱、老妈没钱,可他有个有钱的老爸啊!虽然离婚了,可是人家父子有血缘关系,我见着了,他爸爸开的可是宝马X5……"

陆阅不知道自己当时是以什么样的心情出的门,总之婚礼上大家起哄"亲一个、亲一个"的时候,苏莹那张打满了粉的脸笑起来很是尴尬,他假装去亲脸颊,却微笑着在她耳边说:"怎么办?我们父子关系很不好,而且他现在有妻有子,宝马X5就是开烂了也轮不到我……"婚礼台下的起哄声、欢呼声一浪高过一浪,新人也都笑吟吟地应广大吃瓜群众的要求合影一次又一次、亲吻一次又一次,但不再有眼神的对视。

婚后没多久，陆阅就报名去援疆了。当时陆阅单位的人都觉得他没人性，毕竟还是新婚蜜月期，但是陆阅本人很强烈地主动要求去。有人说，他官瘾特别大，毕竟援疆对他的政治前途很有利。

陆阅临走当天，苏莹去送他。她穿着平跟儿鞋，小腹已经微微隆起，这时候陆阅的同事才知道闪婚敢情是奉子成婚。还有人为吕小磊鸣不平，吕小磊是陆阅的大学同学兼研究生同学，据说他们大学时谈过恋爱，毕业后她和陆阅一起考了C城的公务员，明显是想旧情复燃，可是陆阅却被突然杀出来的一个苏记者闪婚搞定。

苏记者不是人们惯性思维中的贤妻良母，她化浓妆、喝酒，她喜欢直接闯领导办公室自我介绍说"我是小苏"，迅速熟稔以后就会要求领导给她负责的报纸赞助。和文静清秀像茉莉花一样清香的吕小磊比起来，苏莹就是一朵浓郁又扎人的玫瑰花。

陆阅去发请柬的时候，同事们看到新娘是早间议论过的"苏记者"，无不惊掉了下巴。有和陆阅同期进来关系不错的同事问："怎么结婚这么快，新娘还是这个苏记者？苏记者到底哪点好？特别是和小磊比。"

陆阅脸上带着意味深长的笑，却无比诚恳地说："苏莹有优点。"

别人好奇地问："什么优点啊？给我们说说。"

"长得还行。"

大家皆无语，但不得不承认，陆阅说得对，要是没皮相，怎么做交际花？

02

陆阅援疆后四个月，又有同事在单位看到苏莹。还是一脸浓妆，穿着高跟儿鞋，娉娉地走进了领导办公室。大家交换了一下眼色，觉得有些不对劲。孩子生完了？时间未到。可是这身材……有人啧啧称奇："为了潜力股金龟婿，真是什么戏都敢演啊！"

陆阅可是省直机关一棵出众的草，名校毕业、能力突出，而且长得还帅，每次机关打篮球都会招来特别多的姑娘当啦啦队。

所以陆阅结婚，苏莹当时是被酸了个够的。她家境一般、学历一般、工作一般，美其名曰记者，可是她那小报每天就是到各个单位拉赞助，不就是个披了文化皮的业务员嘛！而且，当时明明看着像是怀孕了，到底是玩了什么花样？

"苏莹，你到底又玩了什么花样？"两个月前，苏莹在电话里告诉自己的丈夫陆阅，胎儿检查胎停了，她其实也问过医生："那心脏还会跳吗？"

医生很诧异地看了她一眼，让她找个时间来做清宫人流就要看下一个病人了。

苏莹不知道自己是以什么样的心情走回了家，所谓的家，只是陆阅在机关分配的单间宿舍。因为是闪婚，他们没车没房，尽管大家还是认为苏莹贪图了什么。她坐在结婚时候买的双人床边，坐着坐着坐到了天黑，眼看着很多建筑物的灯都熄了，突然想起了什么似的，打了电话给陆阅，告诉他胎停了。

可是陆阅只是问她又玩什么花样。苏莹沉默了很久，把电话挂了。她把自己的东西清理了一遍,最后提了个行李箱,挺直了腰杆儿,再认真地涂了一遍自己的口红,回娘家了。

苏莹的娘家在小巷子里,苏父很多年前就去世了,苏莹和奶奶、妈妈、弟弟一起生活。苏莹的妈妈每天都和苏莹的奶奶吵架,却一直生活在一起,两人都说对方是自己的冤家。

苏莹回到家里,已经是夜里十二点。偏瘫的奶奶小便失禁,尿了一床,苏莹妈妈一边给奶奶换床单、换洗衣服,一边嘟囔着。弟弟苏离是大四学生,却每天戴个耳机打游戏。

苏莹回到家,就看到一地鸡毛,奶奶在哭诉说苏爷爷、苏爸爸两个没良心的怎么不带走自己,苏妈妈说"你个老不死的,你还哭,我还想说我怎么不死",苏弟弟像石佛一样岿然不动,看到苏莹回家马上说:"姐,我刚刚查了,这个月的生活费你还没打到我的卡上。"苏莹好想说"你每天打游戏、吃住在家里,还要什么生活费",但是她又不想再开口。

苏莹只是洗洗睡了。夜里她突然想起自己的丈夫,拿出手机翻到陆阅的名字,手机的光照在她的脸上,全屋的人那时都睡了,只有她脸上还有手机的光芒,她索性关了手机。

突然一个星期五,苏妈妈买菜回来看到一个人杵在自家门口,他个子很高,感觉会碰到门框。再走近一看竟然是自家女婿,苏妈妈生分地叫他"小陆",他进了屋,帮苏妈妈把米倒进缸里,还陪奶奶看了会儿电视。

吃饭的时候,陆阅和苏莹都没有互动,看起来也不像久别重逢的夫妻。陆阅说要苏莹请一个月的探亲假,和他一起去新疆。苏莹"哼"了一声,也不知道是答应还是不答应。

苏妈妈说:"小陆,过不了多久你就回来了,你们也不能一直住宿舍……"

苏莹说了一声："妈！"

苏妈妈住口了，饭后，看着小两口儿回去。两人一前一后，苏莹的手袋还在自己手里。

陆阅说："我想来想去，觉得这事情很蹊跷，你之前还算是尽了妻子的义务，每天给我打电话，还关心我有没有吃饭，可突然就这么没了音信，似乎时间也有三五个月了。"

苏莹心里一个白眼，直接说："我们离婚吧，本来就是因为有了孩子才结婚的，现在孩子没了。"

"为什么孩子没了就要离婚？孩子可以再造呀！"陆阅说得很诚恳，苏莹突然忍不住想哭了。

03

十一年前，苏莹上高中的时候也见过这张脸。他长手长脚地坐在草地上看别人打球，太阳照在他的脸上，他微微眯着眼，眼角似乎有点儿鱼尾纹，但是那张脸却阳光灿烂。

苏爸爸在世的时候很疼苏莹，他刚得病的时候，还担心苏莹高考数学考不好，去学校给她找了个家教。那时候苏莹家还不住阁楼，住在旁边的小区。苏莹在书房里写作业，门一打开，外边的光照在跟着爸爸走进来的那个高个子小伙子的脸上，似乎照亮了苏莹的整个世界。

苏莹高考并没有出现奇迹，而且大一的时候，她爸爸就去世了，家里发生了剧变。她也开始满大街地找兼职，做家教、打工。有一次她在快餐店打冰激凌的时候，突然听到一个熟悉的男声说："要两个汉堡、两杯可乐。"她一抬头，看到那熟悉的身影旁边还有一个清秀温婉的女孩儿,两人俨然一对璧人,她弯着腰,把自己蜷缩在冰激凌机器旁边,恨不得自己缩成一粒沙。

苏莹毕业以后当了记者,但那时已经不是媒体的黄金期。世道艰难,可是苏莹像只小蜗牛,背上背着那么大的一个壳要走。她很努力。

那天的饭局,她巧舌如簧,在座的领导听得很高兴,但敬酒时却顺势掐她的蜂腰,她轻轻地推开,说自己去上卫生间。苏莹从卫生间出来的时候看到他站在走廊里等她,问她喝多了吗,她说没有,他笑笑,问她去不去他那里。

两人在宿舍尽情以后,苏莹出来,陆阅没有送她。苏莹回过头,看到他看着她,笑了一下。她很爱他,但是他不知道。他们有激情,但是没有感情。

一个半月后,她在医院的走廊里坐了很久,最后去了陆阅的单位,在门口辗转很久,看到陆阅跟着一个年过半百、气度不凡的男人一起出来,上了一辆宝马 X5。她紧紧地攥着化验单,似乎给自己找到一个勇敢的理由。以拜金的借口要求结婚,自己就没有那么卑微。哪怕赌的是自己日后的幸福,但是即使输了,也比十多年前倾注一切的感情被踩踏要保留多一些自尊。

陆阅竟然同意了,虽然可能只是为了所谓的责任。

苏莹默默地看了一眼走在前面的陆阅,心里突然希望这条路没有尽头。

可是到了宿舍,陆阅把门缓缓打开,苏莹还愣着,不知道该不该进去。陆阅笑笑,在兜里拿出一张纸,突然走过来,在门口昏暗的灯下念道:"我喜欢一个……"

苏莹感觉自己要囧炸了,他怎么会有这封信?这是九年前自己未曾寄出的情书啊!她去抢,陆阅高高举起,说:"这是写给我的,它现在应该属于我。"

几个月后苏莹和陆阅一起去新疆,他们共骑一匹马看祖国的大好河山时,陆阅在她耳边说:"当年我也暗恋过一个姑娘,我是她的家教老师,很多年后再见到她,以为时光偷走了我的选择……"

曾经都以为暗恋就是这世间最美好的爱情,因为那只是一个人的爱情,不必害怕受到任何伤害。也可以在任何想放弃的时候,不必担心伤害到其他人。却不曾想到,有人在渴望被你伤害。

他不是不暖，只是不暖你

01

新妹从来没有想过，"中年失婚"这种事会发生在自己身上。

她和丈夫乔任认识三十四年了，幼儿园起即是同学，她住他家楼下，从小青梅竹马、两小无猜。她三十一岁的时候，乳房长了一个小肿块，医生怀疑是乳腺癌。她回到家悲恸大哭，告知乔任。乔任说："那又怎么样，切了就好，我只要你安好。"

第二天天微明，她辗转反侧，翻过身来，却看到乔任睁着眼睛，见她也醒来，他闭上眼，脸上全是泪。

她抓住他的手，他马上一遍遍吻她的脸，说："我只要你活着，一定要活着。"

那时候她身体一直不好，但最后差一厘米才是癌症。得知是良性的纤维瘤后，乔任才松了一口气。

他们三十五岁才生女，自此乔任说，有女万事足。他要努力赚钱，让家庭生活无忧。乔任每天早出晚归，家里都是新妹在操劳。有时候新妹看电视，看到有暖男，心生羡慕，但是心里想着乔任的好，他不是暖男，因为他要忙事业。

那天早上，新妹在做早餐，剥开了一颗独蒜，紫色皮，个儿大，味道很冲。新妹不喜欢蒜味，但是乔任很喜欢吃加蒜蓉辣酱的面条。

乔任起床后，去看了一眼女儿，然后推门出来，坐下了，又把电视机打开了看新闻。

新妹嗔怪他："你平时早上不看电视的。"

乔任说："今天想和你说点儿事。"

"说吧。"新妹熟练地剁着蒜蓉，心想乔任大概又想支出一些钱。他最近好像在和人合伙投资做生意，经常向新妹要一些钱。

"我们离婚吧。"

新妹听了毫无反应，她刚开始以为他在开玩笑。后来反应过来，连同之前被蒜味熏的，突然之间泪流满面，心中却毫无知觉。

"你说什么？"她听到自己的声音似乎从遥远的外太空传来，很陌生，听起来苍老而麻木。

"房子、车子都给你，思思的生活费，我会按月支付。我有持续赚钱的能力，净身出户。希望你们过得好一些。"他说完即起身离去，家里只有电视机在回响和完全没有反应却只能本能地流泪的新妹。

02

乔任雷厉风行，三天内就搬空了与自己有关的个人物品。突然之间，家里就只剩下新妹和思思了。

连思思都知道问："爸爸是不是不要我们了？"

新妹却不知道该如何回答。就像电影里一样，首先问自己发生了什么,然后问自己这是为什么,最后委屈地觉得是不是自己哪里没做好。她开始给乔任打电话,去乔任公司堵他,要一个答复。

三十四年的交情,十五年的夫妻情分,竟敌不过一天的时间。乔任看到她,如同看到陌生人一样。问他话,他也不答。

她听别人说,他在外边有了人。是一个离婚的女人,比乔任还大了一岁。长得不算好,两只眼睛隔得很开,胜在皮肤白,但又有一些雀斑。

是个花店的老板娘。

新妹有一次偷偷地去花店看,看到那个女人漫不经心地坐在店铺里插花,大波浪头,姿势随便,但是神情认真动人。新妹偷偷和她比了比,突然有些沮丧。

那个花店老板娘,明显在举手投足间,都有说不完的风韵。

新妹大学时期就是一个美女,但是一直被乔任娇宠得似温室里的花朵。毕业后工作了三年,随后身体不好即在家休养。

后来身体恢复了,觉得很难打理人情世故,加上乔任的事业开始蒸蒸日上,于是不再想工作的事,只想往贤良淑德的方向发展。

她在娘家从未做过菜,休息几个月后,有一次乔任出差回来,看到她做了一大桌子菜。那时他感动不已,只问她:"你是如何做出来的?"千叮咛万嘱咐,"切菜要小心,不要烫到手……"

她回想起一幕幕往事,似是心中有股泉水,汩汩地流出来,清澈通透,却无比的凉,撞击着她的心。

他曾经那么爱她。他说娶她是他从小就有的梦想,感谢她让他圆梦了。可是他又是从什么时候起,想抛弃这个梦想呢?

她每次都是边想边哭,最后哭得眼泪都干了。她以前从来不放松自己,一直都坚持练瑜伽。但是病后调养,又生孩子,终是每天买菜洗衣,于是略胖了一些,有了一些赘肉……

他是嫌弃她变丑了吗？

男人绝情起来，似是变了一个人。新妹颓废很多天后，突然有一天发现，存折里面的钱已经不多了。

她给乔任打电话，乔任竟然对她说，她得去工作，最起码能养活自己，因为他没有养着她的义务。

可是一个三十七岁的女人，十二年没有工作经验的人，该怎么养活自己？

想去咖啡店做服务员、百货大楼做售货员，人家都只招三十五岁以下的员工。

有一次新妹送完思思去幼儿园，在超市里买菜闲逛，心想要不要去超市当理货员。竟然遇见迎面走来的乔任和他的新欢——那个花店老板娘。

想退缩、想躲闪，可是已经来不及了。她好像用尽了余生的力量，落落大方地站在了他俩面前。并且不忘告诉乔任，那边有上好的紫皮独蒜。

乔任没说话，倒是旁边的女人掩面惊呼："啊？你过去爱吃蒜啊，为什么说你也不吃蒜？"

简单的一句话，锥在新妹心上。

真爱一个人，会为她把自己三十多年的习惯都改掉。新妹也不爱吃蒜，却一直替他剥蒜。

03

新妹回到家里，把所有的蒜都扔掉了，尽管有的已经长出了苗。

回首这么多年，表面上乔任事事以她为先，实际上，如同从不吃蒜的她一直给他剁蒜蓉一样，都是她惯着他、宠着他。

他喜欢她留长直发，于是她一直清汤挂面；他喜欢她穿裙子，于是她一年四季都穿裙子；他喜欢家里是欧式风格，于是所有的家具都是欧式风；就连女儿思思，其实她想让思思去学画画，但是他喜欢女儿学舞蹈，于是女儿就去学了舞蹈……

新妹当时也曾想过要找工作，她大学学的外语，之前做过外贸，但是因乔任的那句"我养你"缩回了小窝。

乔任和她在一起的时候，一直大男子主义。她则小鸟依人，什么都依他。她从来不去提要求，也没有想过要他改变。更没有想过他会改变，只是让他改变的人不是她。

就像亦舒写的那样——生活中无论有什么闪失，统统是自己的错，与人无尤，从错处学习改过，精益求精，直至不犯同一错误，从不把过失推诿到他人肩膀上去，免得失去学乖的机会。

终究要明白，没有一世的安乐窝。她重新去找工作，年龄大，又没经验，都被婉拒。

最后在小区的早餐店给包子打红印。凌晨四点，女儿还睡着，她去楼下拿包子上来打红印。每个月只有两千元的工资，可是，总要开始赚钱……

女儿上了幼儿园，她终于拿起很久没碰过的书本，看书、学习，总会有用到的时候。

她开始健身、减肥，有一次晨跑，有个看起来很年轻的人和她搭讪……

有一次遇到一个之前的邻居，惊呼"你现在怎么好像还年轻了一些"。回到家后，她认真地看了看自己，虽然穿着旧衣，但是确实苗条了，而且心怀希望，人变得年轻朝气不少。她要进取、要赚钱，不像过去，当一天和尚撞一天钟，日复一日……

几个月以后,新妹也开了一家花店。她不避讳,也不怕别人拿她与乔任的现任比。因为自己喜欢。她每天在店里忙进忙出,虽然素颜,但是精致,总是笑吟吟地看着那些花,认真地打理,眼睛里面全是希望。

几乎用尽半生,才明白一个简单的道理——身为女子,必先自爱,才能爱人;必先自暖,才能温暖他人,也才能被人温暖。

生活不是美好的童话,但你可以活成传奇

01

宁小姐今年三十七岁,一直单身独居。她每天下班以后,常常在家做甜品、煮咖啡、琢磨美妆和护肤,除了偶尔在家搞卫生独自搬冰箱闪到腰,其他时候并没有任何不适。她的父母最近五年内都因为疾病去世了,她就像一个宅居人类,日出而作、日落而息,生活井井有条但是津津有味。

就在前一阵,我们单位的蒋姐突然找到她,一本正经地说想给她介绍男朋友,并且特别放大音量说:"他特别有钱,你嫁不嫁?"

好多八婆(包括我)听说这句话都围了上来,化身宁小姐的亲友团,恨不得冲锋陷阵地替她回答:"为什么不嫁?"

毕竟这么多年我们也说,宁小姐再找个伴侣可真是锦上添花。

蒋姐继续介绍那个人,似乎像《非诚勿扰》中那些男嘉宾出场一样,她一边说,我们就一边灭灯。

她说,那个男人六十岁了,而且他有子女,子女大概和宁小姐年纪相当;他的事业在广东,如果宁小姐愿意,要辞职去广东,因为他要找的是一个"陪伴式伴侣"。

是啊，毕竟公开说要找的是一个"陪床保姆"还是不太好。

说完这些，蒋姐又继续强调他的核心优势："特别有钱。"据说是有多少个亿。

吃瓜群众中段位较高，平时一般不围观的财务总监李总说："宁啊，这个不靠谱。子女和你差不多大，人家财产都可能没你什么事，你只是过去照顾他、陪他，只会让你吃好、喝好。而且现代人寿命高，他有可能八十岁都死不了，你那时都快六十岁了。"

宁小姐也坚定地说："我才不嫁。"

是啊，要嫁才怪。住进金碧辉煌的皇宫中去当一个傀儡，怎么会有在自己的小窝中张牙舞爪那般惬意呢！找个普通男人一言不合闹离婚还可以大喊："人走，钱留下！"嫁给那种男人，分分钟都会被他喊出去。

02

我同学小荷十八岁的时候，一个人去了山城重庆。在那里读大学，读完大学又读研究生。小荷长得美而且气质高冷，人如其名。

快毕业的时候她开始去做一些兼职，偶尔做模特。毕竟板着脸拍几张照片就有钱，这个容易又来钱快。有一次拍照的时候有几个人嘀咕，过一会儿一个年纪较大的女人走过来问她："你是小荷？中午一起吃饭吧。"

声音威严不容拒绝，旁边几个点头哈腰的人告诉她："这是我们公司马总。"

小荷当初也不知道拍个照片为什么就可以和马总一起吃饭。吃饭时候看到一个心不在焉的年轻男人，她有点儿知道为什么了。心里想,他们公司拍广告,难道还顺带选太子妃?

她和那个年轻男人并没有说几句话,他不难看,不太说话,经常看表。他好像对她没有兴趣,她心里还有点儿感到受伤。但是马总一直问她,知道她社会经验少、学历高,特别是长得美似乎让马总很满意,在桌上就对她儿子说:"赵三,你该多请小荷吃饭,平时也叫她出来玩。"

不知道赵三是不是什么事情都对马总言听计从,后来小荷也经常接到赵三的电话,有时候也和他出去。他们都是话不多的人,在一起吃饭、看电影,做了很多情侣要做的事情,除了没有电流以及高山流水般的心惊肉跳。

小荷说过,她相信爱情,也相信爱情来临的时候是快乐的。但是这种快乐是要付出的,也要学习去接受失望、伤痛和离别。

她有一天给她妈打电话,说:"妈,我可能要嫁人了。"

她妈在那边打麻将,嘈杂的麻将声中她妈妈吼着:"你搞什么鬼,嫁什么人?"

"年轻人,没结过婚,家里有上市公司。"

"那干吗不嫁!"她妈妈的声音突然高亢了起来,也许是和了牌吧。

小荷嫁了,很风光。羡煞众人,都说她这一生,怎么一直顺风顺水。

婚后夫妻相敬如宾,一直相敬如宾。终于有一天,小荷觉得这个"宾"就是宾客的"宾"。结婚证成了她的暂住证,她无法融入这个家庭。而且小荷无法明说的是,她没有婚前性行为,婚后赵三也没有和她做爱。她不知道赵三是同性恋还是阳痿患者,而且他们的隔阂似乎令她都不知道怎么开口。她有一天拐弯抹角地问马总,马总竟然说,他是要过这个阶段。

她去翻家里的病历,看到诊断书上写了:生理正常,有晨勃等反应，心理疾病。

她不知道是怎样的心理疾病，但是赵三不愿意去治。马总也不许她说这事。那一年她二十五岁，好像青春就在那里戛然而止了。

03

我们公司附近有一家夜宵店，叫小四眼。招牌上印着老板的照片，是个长得斯文清秀的戴眼镜的男孩儿。我们加班基本就去他家吃东西，他一个人在店里，很热忱认真地招呼我们。有时候会多送我们一份小菜，零钱也抹掉不要，很会做生意。

有一次进店后，看到他在穿鸡胗，坐在他对面的一个妈妈辈年纪的女人也和他一起穿。他说了个什么笑话，穿鸡胗的阿姨笑得很开心。我们刚坐定，一大帮人涌进店里，满脸堆笑地对小四眼对面的女人喊："熊局，今天亲自帮忙啊。"

被唤作"熊局"的阿姨起身，才看到是有几分威而不露的样子，虽然一直带着笑，她说："是啊，必须来帮女婿的忙。你们坐，一会儿吃，我女婿做的可好吃了，他就是有好手艺。"

我们都感到有一些诧异，后来陆陆续续地听说，小四眼之前在一家通信行业做实习生，遇到了现在的老婆，他们是姐弟恋，妻子还是小四眼的实习老师，家庭背景深厚。小四眼家境贫寒，实习期间不幸逢母丧，当时还没有正式明确关系的妻子也去了他的家乡，并且为他妈妈披麻戴孝，他们一起回来之后才成了恋人。

小四眼实习结束后并没有留在那家通信公司，他思来想去决定自己创业。也许是上天优待好人，妻子全力支持他，经常下班以后还来帮忙，因为妻子态度明确，岳父岳母也没有说过什么，有时候甚至也来给他帮忙,才有了我们之前看到的那一幕。

有一次我们在他家吃烧烤,看到了他妻子,身材略丰腴,和几个老主顾在聊天儿,她说开店半年,丈夫瘦了十斤,她胖了十斤。谁叫自己嫁了个烧烤侠呢,心和胃都这么幸福。

我看着小四眼和他妻子,觉得他们真的非常般配,也非常幸福。想起一句话,有情饮水饱。毕竟,一世繁华一时寂寞,一场遇见一场梦境。在这个物欲横流的时代,有情更显珍贵。

身为女人,在这个时代并不需要掩饰自己的野心与渴望,但是必须为此付出艰辛与努力。有底气,不要不害怕失去。就像三毛在《撒哈拉的故事》中说的那样:"我笑,便面如春花,定是能感动人的,任他是谁。"

生活不是美好的童话,但却可以成为一场盛大的传奇。

她,有高跟儿鞋也有跑鞋,喝茶也喝酒;有勇敢的朋友,也有强大的对手;对过往的一切情深义重,但从不回头;特别美丽、特别平静,也特别温柔。

婚姻中有一种"第三者"叫恩人

01

昨天回家吃饭,我妈和我说,表婶和表叔还是离婚了。

我一惊,心里想,表叔还翻旧账啊。我妈又说:"这次是你表婶坚决要离婚的,她说忍了半辈子了,现在孩子长大了,她完成了自己的使命,以后再也不想活在被宽容的自责中了。"

当年,我表婶和表叔长期分居。在表弟三岁的时候,表婶出轨了,当时表叔与她闹离婚的事情在小城传得沸沸扬扬的。

记得有一次深夜,表婶突然打电话到我家,语气决绝,一直要我爸妈帮忙照看表弟。

我妈说表婶一定是准备自杀,她在电话中听到了火车轰鸣的声音,估摸着表婶是想去卧轨。挂了电话以后,爸妈就带着我一路寻找,幸运的是,我们找到了万念俱灰正游荡着准备卧轨的表婶。

后来表婶辞去了稳定的公务员工作,跟随表叔一起去了异地,做了很多辛苦的活计谋生。听说他们经常吵闹,表叔不如意就会提当年表婶出轨的事,表婶是过错方,犯的又是原则性的大错,只能忍着。那几年,眼看着表婶从一个靓丽的少妇变成了一个显老的女人。

我去过表叔他们在外地的家,表婶把家里打扫得一尘不染。但家里总是静悄悄的,即使我们去了,大家一起说话,也看不到表叔和表婶有眼神的交流。那是一个空有躯壳的家庭,没有家庭该有的吵闹、嬉笑与温度。表婶似乎很怕表叔,怕他随时揭疮疤,提醒她是一个在赎罪的罪人。

　　终于,这样的生活在十五年后结束了。前天,表弟高考完第二天,表婶就提出离婚,并自己净身出户了。

02

　　我想起我一个前同事小娟。

　　小娟是个富家女,谈恋爱的时候,找了一个穷小子,她叫他二狗。据说二狗一穷二白,小娟一家人都帮带他。出资金给他开店,还带他做生意。我认识小娟和二狗的时候,二狗已经是个小老板了,但是小娟在我们面前对二狗呼来喝去的,还经常向我们强调,当年二狗多么的穷。

　　我在单位听过她给二狗打电话,语气像是上级领导训斥犯错误的下级员工。

　　他们谈恋爱很多年了,迟迟不结婚,后来即将结婚的时候,又分手了。据说是因为二狗偷吃,和一个离婚少妇有染。那时我们都在小娟的渲染下,觉得二狗是一个陈世美,明明靠小娟翻身变成暴发户了,还忘恩负义。

　　但令人惊奇的是,分手没多久,他们突然又领证结婚了。有人问过小娟,不是说二狗各种不好吗,怎么还结婚呢?小娟语焉不详。

　　后来小娟离职了,我们也淡了联系。但是世界很小,后来办公室新来一个小伙子小钟,竟然是二狗的堂弟。

小钟说小娟与二狗风风雨雨走过这么多年,但是结局却很悲惨。二狗当年是穷,小娟家里也给了他很多帮助,但主要修为还是在个人——二狗很努力。

小娟不停地强调自己家中给予二狗的帮助,从不提及二狗自身的努力。二狗一直不想结婚,想分手,小娟却用当年的恩情牢牢地绑架他,才有了后来的故事。分手那次,小娟家里已经破产了,反而是二狗成了她的救命稻草,所以她死活不肯放手,一再提当年二狗的从零到有。

最后他们结婚了,但是显而易见,他们的婚姻并不幸福。

感情已经在指责与揭疮疤中被完完全全地消耗了,变成了一种回赠和义务。

03

认识一个"励志婆",是我的外婆。

外婆从来没有上过学,九岁的时候,跟着她的哥哥从四川走到了湖南。在异乡,她不认识字,也没有同伴,一直过着颠沛流离的生活,直到认识我的外公。

外公在我出生以前,就经历了一次意外的高空跌落。吉人自有天相,经历九死一生,外公还是活了下来,但是从此失去了劳动能力,身体也变得很差。当时家里条件也不好,小舅和小姨还在上学,外婆挑起家庭的重担,干农活儿,还挑担子去四周的集市上做小买卖。

外婆精致有洁癖,长期照顾外公的她还把家里打扫得干干净净,语言不通却能做好生意,还帮衬着带大了好几个孙子。而且,与外公一直恩爱如初。

过年的时候,外婆毫无征兆地中风了。有一次在医院照顾她,她当时手脚已不能自如活动了,却一直吵着要回去,去照顾外公。我们都拿她没辙,直到她哥哥来看她,突然对她大吼了一声:"你急什么急,那个浑小子还会饿死不成?"

我们做孙辈的,才知道外公年轻的时候,竟然也有一段荒唐岁月。

可是外婆从不提及,她一直最大限度地保持着外公作为丈夫、作为长辈的体面。即使后来她作为家中的主要劳动力和经济支柱,但是温柔如昔,不提及往事,不以恩人自居,也不会时刻说自己在施恩,展现自己的大度与胸襟。

不管何时何地,外婆都懂得欣赏对方的好,藏好暗处的伤。

总有一些过往,会是一个人心中的伤疤,也是婚姻的暗礁。人不会介意暗伤存在,却介意别人时时揭开晾晒。婚姻不是教会,在其中的人,没有谁想一直求宽恕、求原谅,时刻要警醒。一个人时,善待自己;两个人时,善待对方。这份善待,也来自真诚的欣赏与尊重。